從核能原理細說核電問題
和為什麼要廢核

圖解
你我應了解的
核能與核電
（改版）

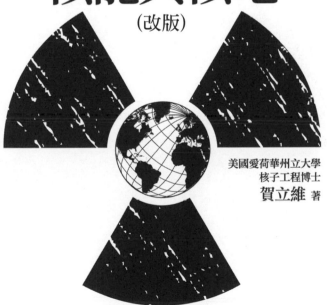

美國愛荷華州立大學
核子工程博士
賀立維 著

CONTENTS

期待真理愈辯愈明

富邦文教基金會執行董事　陳藹玲

　　核四爭議多時，尤以最近為甚。一則因為離完工、裝填燃料的時間非常近了。一則因為民智已開，數位時代，只要有心求知，每一個人可以得到許多過往忽略的核電資訊。但遺憾的是，在部分資訊被刻意放大、掩蓋或扭曲解釋時，民眾極可能被誤導而做出錯誤判斷。

　　由核電、能源政策、產業結構、經濟發展到永續台灣，本來可以是一連串藉討論修正而產生正面改革、提升國力的過程。但如果此時執著於偏狹的政治決策，除了導致民眾因為不同認知而產生對立之外，更可能失去改變未來的最佳機會點。對台灣，這是一個不小於核災的傷害。

　　「台灣有核電廠三十多年了，都這麼安全，我們為什麼要如此惶恐這麼低機率的核災，而冒電價大漲、電力不夠、經濟衰退、失業率大增的風險？」

有些人可能願意賭一下機率小代價大的核災，但前提是，我們有沒有完全掌握情勢？

　　試問：

　　政府在強調我們沒有自有能源，幾乎完全靠進口的同時，如何造成每人每年消耗能源值居全球第11位（2010）的事實？

　　不敷成本的低電價政策是否過時？如今花很多稅收補貼高耗能產業，以致於國庫空虛，國家教育投資落後，孩子的教育品質岌岌可危，沒有人才哪來的國家發展？

　　核四興建已十多年，運轉後預估佔6%電力供給，在備載容量屢屢超過20%的現在，何以停建核四會立刻造成電力不足、經濟衰退之危機？

　　核能發展縱使再有必要，台灣因地窄人稠、位居地震帶，核廢料儲存問題無法解決，台灣核電廠可以與其他國家相提並論嗎？

　　專家認為難以解決的核四問題，再不安全也要運轉？

　　謝謝賀立維教授深入淺出的著作，希望讓所有對核電的討論，可以從基本的、真正的原理開始。期待真理愈辯愈明。

從基礎了解核電

知名留日作家
《日本311默示 瓦礫堆裡最寶貝的紀念》作者　陳弘美

　　福島核災帶給日本人一個正面的收穫是，全民對核電知識的進步。原因是易懂的核電書籍逐漸普及，還有媒體記者的勤學，而有更清晰與更深入的報導。如由池上彰所主持的超人氣電視節目「從基礎了解核電」，都是黃金時間非常高收視率的節目。

　　國民有了知識，就知道自己不知道什麼？應該知道什麼？它帶動了國民意識的覺醒，也要求政府與電力公司，對一切的資訊要公開與透明化，因為國民的知識就是民主的體力。

　　造成福島核災的主因是「人災」。依據「福島核災國會事故調查委員會」（日本國會對福島核災，賦予全權的一個最高權威的調查組織）委員長黑川清指出，「那場核災其實是

可以避免掉的。」

「人災」的意思就是國際原子能總署IAEA所指出的「組織災」；也就是平時的安全管理組織，內部的架構出了問題；管制的人與被管制的人同是一家人（就如目前台灣的原能會與台電的利益相通）。這造成安全基準的設定不足，安全審查上的包庇，因而具備了核災的條件，天災只是一個導火線而已。

人災是可以被制於人，現在日本許多社會人士很懊悔：「核電，這麼深入我們的生活，而我們在災前什麼都不知道。」

在國民沒有監督核電的四十年當中，核電演變成一個外加金鐘罩的貪污溫床，這金鐘罩就是以「專業知識」之名來嚇唬國民，導致最後走向核災，這好像是必然的。

日本人民所懂的核電常識，有比台灣人民多嗎？不一定。要有核電的常識，只需要具備最基本的邏輯，與通用常識（common sense）。這本書經由賀立維博士深入淺出的圖解，即使入門者也易懂，也有趣，並且勾起您著迷似的好奇心，一篇深入一篇的想知道核電的一切。

而若您對核電的邏輯與常識都不靈光，您可以用「良

心」去理解。劇毒核廢料沒有去處，只有一天天的累積，這也是核電專家絕對無言以對的事實。

　　我只祈禱，台灣不要像日本一樣，必須去經歷一個無法挽回的核災，才會增長一智。

邁向非核之路

宜蘭人文基金會董事長　陳錫南

　　在我們台灣，核能是生存安全議題，是經濟發展議題，更是政治選票議題。現任執政者相信：「沒有核能，會嚴重影響經濟發展；沒有核能，電價會飆漲；沒有核能，台灣會缺電。」

　　儘管民間有志之士在有限資源下匯聚許多研究心力，提出許多核電可替代的建議，執政者卻不願相信，不願嘗試，任由我們這群擔憂子孫未來的人，日夜案牘勞形，多方奔走。

　　所幸，邁向非核之路雖然荊棘多舛，但也經常遇到志同道合者寒風送暖。賀博士立維兄身為一個睡在原子爐旁邊寫完博士論文，曾從事核子工程多年的專家學者，在牙醫診所中，看見錫南出版的非核公益特刊而開始自省，進而挺身奔走在許多反核活動與學術研討中。

在自述《與核共舞的覺醒》一書出版之後，立維兄再接再厲，將畢生所學，用較淺顯易懂的圖文方式來解說何謂核電。時值核四公投前的關鍵時刻，冀盼這本書可以讓更多台灣人民覺醒，核電對環境、對生命不可逆轉的巨大破壞力，明白只要一次核災，房地股票變壁紙，生活環境不適人居，我們與子孫將被迫撤離家園，台灣一切歸零的噩夢，進而在公投中投下神聖的一票，成就「非核家園」至禱。

為這個世代的正義，為了子孫美好幸福的未來，非核家園需要更多人民的關心投入，凝聚改變的力量才能竟全功，誠摯邀請您一起為世代子孫的幸福美好而努力。

推薦序

我們有什麼可以留給後代？

埃及文化專任講師暨肚皮舞教學老師　郭美妃

保護環境人人有責，做一個負責任的祖先。

因為學習與人生的歷練，而懂得如何分辨大自然的善與惡。

很榮幸為賀博士寫這本書的序，也非常感謝宜蘭人文基金會的陳錫南董事長，拖著巴氏病痛出錢又出力，日夜不休的為公義吶喊。而我們好手好腳的人，怎能不勇敢的站出來加入這環保的列車？也很高興商周出版對核電的關懷，願意出版這麼專業，但又攸關我們安危的核能知識書籍。

我從小在台灣農村長大，與田園為伍，與雞鴨共存。由於工業社會的發達，欲望的增加，破壞了大自然，不禁讓人很想再回到童年那段純樸無毒的環境。

我年輕時曾經留學日本、嫁入埃及、移民美國，最後落

葉歸根，生活在祖國台灣。台灣的氣候、食物、山水都讓人享受，台灣人的熱情與善良會讓您的腳步停留下來。

日本從核武戰敗後，短短數十年成為經濟大國，但又變成經濟泡沫之國。二年前的福島核災，又讓她成為核子的受難國。

看到賀博士參訪福島所拍攝的紀錄片，那文明空城真的不是嚇唬人；很多事沒有親自受害，是難有同理心或警惕心。靠著有意識危機、有宏觀有良知的人，來呼籲與關心公義的事。未來我們的子孫會了解他們的祖先是不是做對了。

埃及人的祖先留下了偉大的遺產，讓全世界人讚賞，而埃及人還繼續的在挖祖先的寶。而我們有什們可以留給後代？一堆幾萬年後也不可以被挖出來的核廢料嗎？

賀博士以深入淺出、易懂的文字解說，來談核能與核電的利弊，讓人不能再自掃門前雪，要勇敢的站出來，不要被政府以經濟掛帥的近利，支持這種危險的核電廠。

世界上八成以上的國家沒有核電，而經過日本福島事件後，更多的國家決定停核，沒有核電的國家難道就不為經濟在努力嗎？難道救經濟只能靠核電嗎？

我們對核電有太多的疑惑，請問您買得到核安保險嗎？

發生核子事故的時候，幾百萬人要分政府規定的新台幣42億元，每人分配不到1000元；後續因為輻射所影響的健康危害，還不包括在內。

　　盼望像我一樣的媽媽們，看看這本書，為自己親愛的家人與美麗的家園，站出來關懷這美麗的寶島吧。

台灣絕對經不起一次核災

當完成《與核共舞的覺醒》這本書後，商周出版的何飛鵬社長邀約相談，是否能再寫一本較為基礎的、講道理的、大家都聽得懂的，多用一些圖表的方式，來詮釋核電基本知識的書。

我們為了核四是不是要繼續蓋下去？蓋完了又該不該讓它運轉？運轉了是不是會發生災難？這些問題困擾了政府，困擾了百姓。儘管政府一再向人民保證，沒有核安就沒有核電，但人民好像還是不太安心，二十多萬人走向街頭，就反應出這種憂慮與不安。

這本書就是希望回到原點，讓掌握核電政策與安全的政府官員，以及擔心核電會帶來災難的人民，多了解一些核電是什麼，它的基礎原理是什麼，它會給我們的好處

是什麼，它的風險又在哪裡，其間的平衡點在哪裏等等。

　　待讀者稍懂得這些真相之後，再以自己的智慧來決定擁核、反核或聽天由命也不遲。若公投真的要舉辦，有投票權的人民，應該有權知道他所投下的一票，代表了什麼意義？

　　將一個如此嚴肅與技術性的問題，交給對核電不一定有清楚概念的民眾來決定，是一種值得商榷的作法。在公投前，對核電優點的宣揚，與對核電安全的顧慮，是處在一種很不平衡的基礎上。在政府組織與民間公益團體兩種力量的對比下，要做到公正與公開是不太容易的。

　　筆者早年研習物理，後來有幸獲得政府公費，赴美研讀核子工程，對核電有基本認識。無論是核武還是核電都曾涉獵過，也清楚知道人類使用核能的代價。核能除了是科技與工程問題外，更是倫理的問題，也是良心與道德的問題。

　　二戰時，美軍以二顆核彈結束了戰爭。若美軍不用核武，希特勒或日本就可能會先用。在希特勒與日本失敗前，

也都曾秘密的發展核武，若先引爆核彈的是他們，歷史可能就會改變，人類也不知道會遭受什麼樣的浩劫。

二戰後，美國有一位曾參與原子彈計畫的科學家羅伯特‧奧本海默（Robert Oppenheimer），因不願意繼續參加戰後的核武競賽，曾向美國總統杜魯門表示：「我們科學家的雙手沾了血。」他後來就被解除了在美國核能界的職務。

在1954年聯合國大會的第九屆常會，會中審議並通過由美國所提出「國際合作發展原子能和平用途」的議題，之後曾參與核武研發的科學家，有一部分人繼續加入更高威力的核武競賽，一部分人投入了核電的產業。

二戰後，歐美一些比較有實力與經費的學校，紛紛成立了核子工程系所，來訓練未來的核子工程人才。核工的訓練單位必須要有一定的規模，最起碼的實驗設備就是一座原子爐，這並不是一般大學所能負擔的；除了原子爐，還要有其他的配套設施，如需要買核燃料、防輻射與偵測輻射的人員與設備，也要有操作原子爐的人員。將來原子爐

要拆除時，還需要一筆更大的經費；那些拆除下來的核廢料與核燃料，何去何從也是難以解決的問題，若不小心還可能汙染了校園。

若一旦不慎發生核汙染事件，遺害也是很長久的。一般核汙染的受害者，要求加害者賠償更是困難。不嚴重的核傷害是在很多年後，才會對身體發生影響，事過境遷以後很難證明原因。而核汙染的加害者，也會儘量的去規避法律與民事賠償責任，當到了真正要賠償的程度，幾乎已是數十年後的事。所以核汙染的受害者會長時間飽受財務、身體與精神上的煎熬。

為什麼我說核能除了技術與工程面外，還有更嚴肅的人性面呢？一些科學家認為，人類根本就不應該將原子核打破，這一打破就像打開了潘朵拉的盒子。古希臘神話中的潘朵拉出於好奇而打開了盒子，釋放出人世間的邪惡——貪婪、毀滅、誹謗、嫉妒與痛苦；就像我們今天的核四之戰。當她再蓋上盒子時，只剩下希望在裡面。這個希望也許就是，當未來地球的鈾礦枯竭後，人類自然進入非

核家園的夢想。

　　這本書的出版，也許會有一些正反的意見，但此書的目的是，要以核電最基礎的理論來讓讀者知道，您所支持或反對的是什麼。台灣是我從小生長、求學、就職與追求幸福的地方，我與大家一樣，不希望台灣會遭受到與日本福島同樣的災難。希望以這本書來提醒國人，要很嚴肅的面對這個問題，不要重蹈覆轍。更希望台灣掌握核電安危的掌門人，能聽聽不太一樣的聲音，心懷謙虛，無則警惕，有則擅改，來避免可能發生的核災。

　　我離開核工界轉眼已二十多年，年紀也大了，為了未來的日子，為了子子孫孫不要怨我們，總是要做一些對的事。重新拾回數十年前，曾經讀過和教過的核工教科書，也研究一些近年來核電發展的趨勢，寫下這本書。我還有一些其他教職與研究工作在身，抽空來寫這本書，多少有錯誤之處，尚請讀者多加包涵。

　　我寫這本書，不是要與核電專業比輸贏，只希望我的老同行們，還有核電的新血們，未來永永遠遠都不要遭受

核災的痛苦。我親自訪問過福島災區,我們真的承受不起類似的災難。當親眼看到日本福島災後的慘狀,進入那些空無一人的街道、車站、百貨公司;親耳聽到因高輻射而無家可歸,或有家歸不得災民們的聲音,感受到災民的痛苦。幾天的深入福島的探訪,更加強了我對核電安全深切的關心,我們絕對經不起一次核災。

希望我們手握核電安全的主事者,在全力推動核電產業之際,多關心民間的憂慮,多費心來保障核電的安全,能夠想辦法真正的去解決核廢料的問題。在核安無慮與沒有核電電價就會漲的宣示之餘,核四若運轉,更多的核廢料到底該怎麼辦?若核電廠出了事,也請告訴我們,到底要逃到哪裡去?我們要的是可行的真話與方法,不是空洞的政令宣導。

前言

核子時代

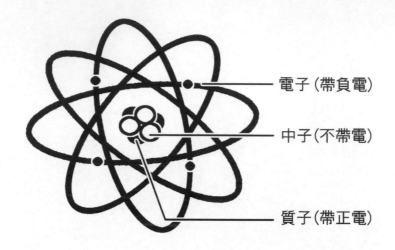

電子 (帶負電)

中子 (不帶電)

質子 (帶正電)

▲ 原子的結構圖

　　人類到底該不該將原子核分裂？這是個很具哲理的問題。

　　曾經有考古學家在西非加蓬共和國境內，發現了一個史前世紀的原子爐，它所呈現出的一些物理現象與現有的原子爐相當的雷同。而且它內部的鈾235比天然鈾正常的含量要低，顯示出鈾235是被使用過的，這是不是顯示人類

早已有了核子設施？而原子核被打開了，它到底對人類是幸福的？還是一場浩劫？

在這裡先簡單的解釋原子、原子核、電子這些物質最基本的結構。

原子（Atom）是從希臘語Atomos轉化而來，也就是「不可再切分的」意思[1]。

在科學剛萌芽的時候，希臘和印度的哲學家就提出原子是不可以再被切分開來的觀念。到了十七、十八世紀，有些化學家發現了一些物質，不能用化學的方法將它們繼續的分割。

再往後，有些物理學家又發現了比原子還小的物質，他們稱呼它們為「亞原子粒子（sub-atomic particle）*」。他們也研究出原子的內部結構，如此就打破了原先的原子

* 亞原子粒子也稱為次原子粒子，指的是比原子還要小的粒子，如電子、中子、質子、介子、夸克、膠子、光子等等，這些亞原子粒子構成了不同的原子。

是不能再被分割的觀念。後來普郎克、愛因斯坦這些科學家，更積極的研究「量子力學」的理論，也發表了更進一步的原子模型。

　　一個原子包含了一個原子核以及一些圍繞在它周圍打轉的電子。

　　原子核裡有帶正電的質子和不帶電的中子，所以原子核是帶正電的。質子的數量就是所帶正電的數量，而繞著原子核外面打轉的電子是帶負電的，所以當原子核裡面質子的數量與圍繞在外面的電子數量相等的時候，這個原子就能夠維持中性。

　　若質子數與電子數不一樣的話，這個原子就是變成了帶有正電荷的正離子，或是帶有負電荷的陰離子，有時陰離子也會被稱為負離子。

　　原子核內部質子與中子數量有時是不同的，這時候原子的性質就會不一樣。質子的數量決定了這個原子是屬於什麼元素，稱為原子序，就是在週期表裡所被排列的順序。

而中子的數量則決定了這個原子是屬於哪一種同位素，也就是一般常聽到的碘131、銫137、鈽239這些具輻射性的同位素。舉例來說，在自然環境下，碘的原子序是53，也就是說它的原子核裡面有53個質子，另外還有74個中子，所以加起來它的原子量是127，若在原子核外面正好有53個電子圍着它繞，它就能保持中性。

　　若原子核裡多了4個質子，它的原子量加起來就成了131，這就是具有輻射能的碘131。而碘131會使人得到甲狀腺癌。

從核分裂到核武

　　當科學家發現一個鈾235的原子核能夠吸收一顆中子而被分裂時，人類就進入了核子時代。當鈾235的原子核被中子打破時，會產生一百多種同位素，比如，碘131、銫137、鍶90、氪92、鋇141等等的同位素。

　　在核反應中又會產生鈽239的同位素，這不是因為鈾

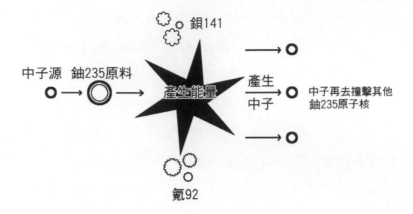

中子源　鈾235原料

鋇141

產生能量

產生中子

中子再去撞擊其他鈾235原子核

氪92

▲ 中子撞擊鈾的原子核，發生核分裂

235裂變而產生的，它是由於鈾238在原子爐裡，吸收一個中子而產生的。鈽239在自然界中也是不存在的，所以也被稱為人造元素。

　　鈽239與鈾235同樣都是會產生核分裂的物質，所以它們都被用來製造核子武器。鈽239除了可以製造核武外，本身也是一種毒性很強的物質，人們誤食或誤觸到它，會立即死亡。

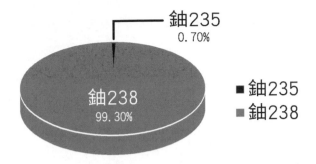

▲ 天然鈾中，會發生核分裂的鈾235只佔了0.7%

各國的核武發展

　　人類將鈾235的原子核分裂，要追溯回二次大戰前，

德國漢堡大學的教授們[2] 向德國納粹軍方建議要研發核

武器。到了1939年的秋天，德國軍方就開始進行核武的研

究，當時是以維爾納·海森堡（Werner Heisenberg）博士為

首，組成了一個特別研究小組。海森堡是德國物理學家，他

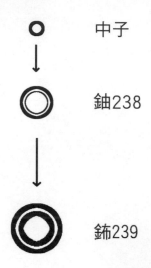

中子

鈾238

鈽239

▲ 鈾238吸收一個中子之後，就產生了核武的原料鈽239。

是量子力學的創始人之一，也是哥本哈根學派的代表性人物。海森堡因為創立量子力學，並且發現了氫的同素異形體*，而榮獲1932年的諾貝爾物理學獎。

在1940年的時候，德國在它的佔領區挪威，建立了一座重水製造廠來生產重水，以供給重水式原子爐使用。因

為在天然鈾裡面，可以被分裂的鈾235只佔了0.7%，無法產生核分裂的鈾238卻佔了99.3%，但是當鈾238吸收一個中子之後，就變成可以用來製造核武器的鈽239。

當時德國也同時在研究如何來分離鈾235與鈾238，也就是使用濃縮的方法來提高鈾235的比例，但是要將鈾235濃縮到90%以上，才能製造核子武器。

到了1941年底的時候，德國在進攻蘇聯的作戰沒能達到預期的戰果，而將資源都用在坦克和飛機上，所以核武的研究就延遲下來。

雖然德國仍然建造了幾座小型實驗用的原子爐，但只停留在理論上。後來位於挪威用來生產鈽239原料的工廠，又被英國突擊隊摧毀，直到德國戰敗，它的核武計畫一直沒有成功。

---

* 同素異形體指的是，由同樣的單一化學元素構成，但性質卻不相同的單質。就像碳與鑽石，都是碳的同素異形體，但性質、硬度與價格卻完全不相同。

₂H氫

₃H重氫

中子

能量

₄He氫融合

▲ 氫融合

　　大約在同一個時期，日本也在籌畫他們的核武器計畫。1941年日本陸軍大臣東條英機批准了「製造鈾彈計畫」，主持者是仁科芳雄，後來被稱為「仁方案」。由於日本不產鈾礦，核武人才與資源也不足，當時的納粹運送了一噸鈾礦給日本，但運送的潛艇在麻六甲海峽被美艦擊沉

了，所以一直到戰敗，日本的核武計畫都沒有成功。

美國投在廣島的那顆原子彈「小男孩（Little Boy）」，使用的原料就是濃縮的鈾235。而投在長崎的原子彈「胖子（Fat Man）」使用的原料是鈽239。

在原子爐裡，佔多數的鈾238吸收中子後，變成了鈽239。許多無法以濃縮方法製造濃縮鈾235的國家，就用這個方法來製造鈽239，像印度、巴基斯坦以及最近進行核子試爆的北韓等國家，所以它又被稱為「窮人的原子彈」。

核融合：大自然產生的核能

核融合是將氫的原子融合在一起而發出巨大的能量，這是大自然產生的核能。

我們每天所接受的陽光，就是太陽發生的氫融合作用。氫融合後所發出的能量經過一億五千萬公里，歷時八分十九秒的時間達到地球表面，使大地陽光普照，讓萬物得以生存。

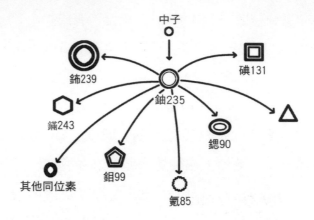

▲ 鈾235的原子核分裂

　　至今科學家還無法將這種原理，製造出可用而合乎經濟的能源。

　　或許最初科學家將原子核分裂的立意是本著研究的精神，但發展到後來，卻失去了控制，將這種大自然的禮物製造出極具殺傷力的氫彈，使我們進入了核子時代。

認識核電

核能的產生

核能就是當原子核被中子打破而分裂時，由原子核當中所發出的能量，又稱為核分裂能。

目前在自然界中被人類發現，能夠被分裂而產生能量的元素只有鈾235，它的原子序是92。鈾235與鈾238都是鈾的同位素*，但它們的性質卻大不相同。鈾235可以被分裂用來做原子彈，或用來發電；鈾238就不行。

另一種可以被分裂的同位素，是經由鈾238吸收一個中子而產生的鈽239，它也被稱為人造元素，或超鈾元素。鈽239在大自然中是不存在的。

在一個核子設施中，當一個中子去撞擊一個鈾235或鈽239的原子核的時候，這個原子核會以某種機率被撞擊到而發生核裂變，就會釋放出一些新的中子以及很大的能量，這些能量就被稱為「原子能」，也就是我們一般俗稱的「核能」。所釋放出新的中子又會去撞擊其他鈾235或鈽239的原子核，又引起連續的裂變，這樣持續下去就叫做連

鎖反應。

連鎖反應的結果會釋放出巨大的能量，被撞擊而破裂的原子核會變成質量較小的碎片，這些碎片帶有強烈的放射性，就是帶有輻射能的同位素。這些同位素就是人見人怕的核廢料。

當原子彈爆炸或核電廠出事時，被釋放到大氣、海洋與土壤的放射性污染物，就是由這些分裂碎片所造成的。核災中或核電廠除役後，至今人們還無法處理的核廢料都是這些物質。

原子爐與原子彈的不同

原子核被擊碎後所產生的能量，可以用愛因斯坦的質

---

* 同一個原子序的原子核，因為其中中子的數量不一定相同，所以質子與中子兩者加起來的原子量就不相同。這些原子序相同，也就是同一個名稱的原子，有不同的原子量時，就稱他們為同位素。

能轉換公式來計算，這個公式就是大家所熟悉的$E = MC^2$（能量 = 質量 × 光速^2）。

當發生核反應時，它所產生的能量 E 等於所被轉換的質量 M，乘上光速 C 的平方。光速有多快呢？它一秒鐘可以跑三十萬公里，也就是在一秒鐘裡可以繞地球七圈半。其中轉換成能量而消失的質量M，大約是鈾235質量中的幾個百分點而已。

世界各地的核能發電廠就是使用這些能量來發電。核子潛水艇、核子航空母艦等等也都是依據同樣的理論。以同樣的質量來說，由原子核所發出的能量，會比化學反應或物質燃燒中所釋放的熱能，大了幾千幾萬倍。

可以發生核分裂的鈾235通常與不能發生核分裂的鈾238共同存在天然的鈾礦中，而它的比例相當低，只佔了百0.7%。若用一些高科技的濃縮方法，可以將它的濃度提升到2.5%～4%左右，這就是用來做一般發電用核電廠的低濃縮鈾。若將它濃縮到90%以上，讓它瞬間爆炸開來，就是原子彈了。

將鈾235用濃縮的方法來提煉的話，技術與費用非常昂貴，不是一般國家所能負擔，而且有這種能力的大國，也不會輕易的將技術或設備賣給其他國家。這些有濃縮鈾的國家包含了英、美、法、德以及前蘇聯等核子大國。例如，伊朗總統阿瑪迪尼賈曾於2009年底宣布，將興建十座新濃縮鈾廠，並將研究加工處理濃縮鈾的計畫。對於這種明顯的挑釁舉動，西方核武大國就揚言將對伊朗施以各種的制裁行動。

　　另一種相對簡易的濃縮方法，就是以時間來換取空間。利用一種實驗用而不發電的重水式原子爐，經過長年累月的運轉，讓中子二十四小時不停的去撞擊含量較高的鈾238原子核。

　　因為鈾238不會像鈾235一樣被分裂，但鈾238會吸收撞擊它的中子，而變成鈽239的同位素。

　　鈽239跟鈾235一樣，是一種會被中子擊破而發生連鎖反應的核燃料，所以鈽239就可以成為原子彈或是原子爐的一種核燃料。

原子爐會像原子彈一樣爆炸嗎？

　　經常會有人會擔心，核電廠會不會像原子彈一樣的爆炸？這點要跟讀者說明清楚，二者的爆炸原因是不一樣的，但它對人類的危害卻不相上下。

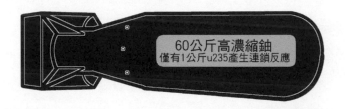

▲ 美軍於二戰時轟炸廣島的原子彈，使用的原料就是濃縮的鈾235。

原子彈的爆炸是由鈾235或鈽239的核原料，因連鎖反應關係而爆炸，它的威力就如前面所說的質能互變公式，只要數公斤的核燃料，就可以毀滅一座城市。

　　以廣島核爆為例，彈體內裝有六十公斤的高濃縮鈾235，爆炸時約只有一公斤的質量發生連鎖反應，也就是只產生了一公斤左右的輻射線物質散發到大自然環境。

　　而從這一公斤的核反應過程中，只有十多公克鈾235的質量，依據質能互變的理論轉變成能量，卻炸毀了整座城市。

　　原子爐爆炸的主要原因是，冷卻系統出了問題，一般稱為LOCA*，無論是什麼原因使得冷卻水系統受損，過熱的核燃料得不到冷卻，使得燃料棒的溫度急升，而原有的水就會產生大量的高溫水蒸氣。

---

* 原子爐失去冷卻水的意外就稱為LOCA（Loss of coolant accident），造成LOCA的原因很多，比如日本的福島核災是因為在原子爐外的冷卻水系統被海嘯沖壞，使得爐心熔毀。

這些高溫的水蒸氣與燃料棒外面的鋯合金護套發生化學作用，就會產生氫氣。當氫氣的濃度與壓力達到某種程度時，就會產生氫爆，爆炸會使得原子爐內的高放射元素外洩，灌救水也會流出爐外，污染了周遭環境、空氣、水源、海洋。

　　據研究，人類吸進的輻射可能會留在成人體內五十年；蘇聯車諾比事故導致周遭一千多公里外的烏克蘭、義大利的農產品都必須銷毀且被禁止輸出；這些就是核災可怕的地方。

核電的原理

　　核電的原理就是在一座原子爐裡面，在核分裂時由質能互變的原理，所產生的能量來將循環的冷卻水燒開；再利用水燒開後產生的水蒸氣來推動發電機以產生電力。這和一般傳統的火力發電方式，除了產生蒸氣的燃料不一樣外，其他的發電機制都差不多。

利用鈾原料所製成的核燃料在原子爐內進行核裂變，然後產生出大量的熱能；再以循環的冷卻水將熱能導入蒸汽產生器裡產生高壓水蒸汽推動汽輪機，再推動發電機來發出電力。

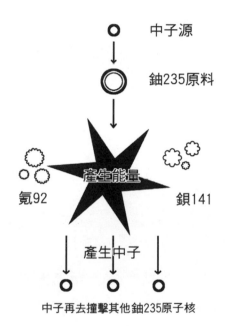

中子源

鈾235原料

產生能量

氪92　　　　　　　　　鋇141

$E=MC^2$
使用這些能量來將水
加熱，產生蒸氣推動
發電機，發出核電。

產生中子

中子再去撞擊其他鈾235原子核

▲ 核電就是利用核分裂時所產生的熱能來發電

顧名思義火力發電廠是靠燃燒煤、石油或天然氣之類的化石燃料。這些化石燃料被燃燒時會產生各種影響環境的物質，如二氧化碳、二氧化硫等等，除了增加碳排放，其他的氣體也會對人體健康造成危害。

這些公營的發電廠多以現代化的科技，比如使用脫硫設備、粉塵吸附設備等，以達到政府對發電廠環保的規定與要求。世界各國也全力的投入研發對二氧化碳的處理，期望將它減量到最少。

石油與天然氣燃料燃燒過的殘渣，對環境的影響也不會像核廢料那麼嚴重，比如媒渣經過加工後可以製造建材或用來鋪路等等，基本上它對人體或環境並不會產生不好的影響。

核能電廠是由核分裂產生的能量，相較於其他燃料所產生的能量要高出許多，但所產生的副作用也最大。下面就介紹一個一般典型核電廠的發電原理，它所包含的重要模組以及它會產生的核廢料。

每座原子爐都有它相對發電機組，將原子爐所產生的

蒸氣，導入發電機的機制，就可以推動發電機來發電。

比如，台灣的核一廠、核二廠、核三廠，和目前興建中的核四廠，都各有2座原子爐，或稱為各有2座機組。

原子爐的種類

原子爐依照它內部壓力的大小，中子速度的快慢以及中子緩衝劑的種類，分為沸水式、壓水式、石墨式以及重水式等等。下面就簡單介紹這些原子爐的原理與特性。

輕水式原子爐

輕水式原子爐是指原子爐利用一般的水來做中子的緩衝劑，與重水式反應於來區分。

為何要用水來做中子的緩衝劑呢？因為剛由核分裂所產生的中子的速度非常快，能量太高，不容易被下一個鈾235的原子核所捕獲；也就是鈾235的原子核不容易被打破

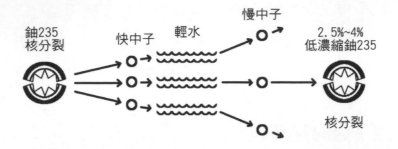

鈾235
核分裂　　快中子　　輕水　　慢中子　　2.5%~4%
　　　　　　　　　　　　　　　　　　低濃縮鈾235

核分裂

▲ 輕水式原子爐快中子的減速

而分裂。就像一位棒球投手，若所投出球的球速很快，就
不容易被打擊者擊中的意思一樣。

　　此時若在原子爐內灌滿了一般的水，利用水的分子來
做中子的緩衝劑，讓水的分子來與中子互相碰撞，被碰撞
的中子速度會減慢，能量也會降低。當它的能量減到一定
的程度，就比較容易被鈾235的原子核所捕獲。

　　鈾235的原子核捕獲一個中子而裂變時，會產生一定
的能量與具有高輻射的核廢料，同時也會產生2至3個中

子；這些中子有些被水或原子爐裡燃料棒的鈾238的原子核吸收，有些就繼續減速，再去碰撞下一個鈾235的原子核，這就稱做連鎖反應。

臨界狀態

若產生的中子與被吸收的中子，成為一比一的狀態，我們就稱它為「臨界狀態」，這也就是一般原子爐在運轉中的狀態。

在臨界狀態下，核燃料持續發出能量，若要將原子爐的連鎖反應停下來，就得將控制棒插進原子爐裡。

控制棒是一種用硼的合金與化合物所製造的棒狀物質。硼是一種中子的強吸收劑，對中子的吸收有很大的能力；只要將它插入，原子爐的連鎖反應就會停止。

比如，遇到突發狀態，像地震超過設計規範，或冷卻水溫度太高，或蒸氣壓力失常，原子爐的安全設計就會自動讓控制棒急速插入，讓核反應停止，來保護爐心不致發

生損毀。

不過當控制棒急速插入後，核燃料還是會持續的發出熱量，稱為「衰變熱*」。大約保持正常運轉時7%的熱量，所以還是需要正常的冷卻機制來維持原子爐的安全。

比如，日本福島的一號機至三號機，地震時雖都已經自動停機，但因冷卻水的設備損壞，爐心就都熔毀而造成大災難。

超臨界狀態

同樣的，利用控制棒精密的上下調整位置，就可以讓原子爐穩定的運轉，不會發生超臨界的狀態。

超臨界指的就是，產生的中子數多於被吸收的中子數。

超臨界會讓原子爐的連鎖反應愈來愈快，能量愈來愈高，到了不可收拾的地步，是很危險的現象。

原子彈的原理就是，讓原子核的連鎖反應達到超臨

界的狀態，使它瞬間爆開來。

緩速劑

原子爐中水的密度，也會影響核反應的程度，當水溫愈高，水的密度就愈低，對中子速度減緩的能力就愈低，就會減少核反應的效率，也就是減低原子爐的功率輸出。

反之亦然，當水溫愈低，水的密度就會增高，對中子的減緩效率就高，反應率就升高。所以用水來當中子的緩速劑是一種安全的設計，不致因水溫與反應率同時升高而造成不可收拾的情況。

有些原子爐的設計是使用石墨來當中子的緩速劑，如前蘇聯的車諾比核電廠，其實這種原子爐的設計，在西

---

* 衰變熱指的是，在連鎖反應後，核燃料棒會產生約200種的各種同位素，這些同位素為了達到穩定狀態，會發生衰變的反應，同時發出很強的輻射線。這種輻射線產生的熱就是衰變熱。使用過的燃料棒，也就是高階核廢料就會持續的發出衰變熱，會持續數十年甚至數萬年。

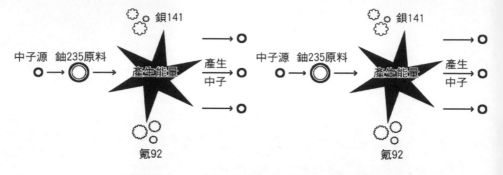

連鎖反應：中子再去撞擊其他鈾235原子核

$$\frac{前一代中子}{後一代中子} = 1 \quad 核反應臨界 \quad 原子爐持續運轉$$

$$\frac{前一代中子}{後一代中子} < 1 \quad 核反應次臨界 \quad 原子爐停止運轉$$

$$\frac{前一代中子}{後一代中子} > 1 \quad 核反應超臨界 \quad 原子爐失控$$

▲ 原子爐的臨界、次臨界與超臨界

方世界是不被允許的。因為石墨式的原子爐，不像輕水式原子爐有自我保護作用，當石墨式的原子爐功率愈高的時候，核反應就愈激烈，這也是後來車諾比核電廠發生爆炸的原因之一。

沸水式原子爐

依據原子爐的設計，輕水式原子爐又可分為沸水式原子爐與壓水式原子爐。

沸水式原子爐（Boiling Water Reactor, BWR）是在1950年代中期，由美國愛達荷國家實驗室與通用電氣公司（GE）共同研發出來的。目前主要的製造商是與日本日立公司合作的奇異日立核能公司（GE Hitachi Nuclear Energy）。

沸水式原子爐是使用去離子*的純水做為冷卻劑（coolant），也同時擔任中子的緩速劑。

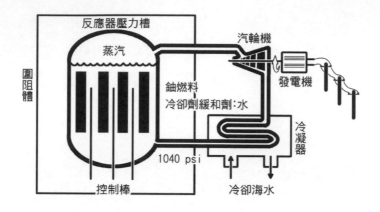

反應器壓力槽

蒸汽

汽輪機

圍阻體

鈾燃料

冷卻劑緩和劑:水

發電機

冷凝器

1040 psi

控制棒

冷卻海水

▲ 沸水式原子爐

　　當原子爐燃料棒裡的鈾235進行核分裂時，所產生的熱能會使冷卻水沸騰，產生高壓的蒸汽來驅動渦輪機，然後讓發電機發出電力。

　　發過電之後，離開渦輪機的蒸汽要經過蒸氣冷凝器，讓它凝成為液態的水後，再回流到原子爐的爐心，如此就成為一種冷卻水的循環系統。

　　在原子爐的爐心的壓力大約保持在75個大氣壓*左

右，在這種壓力下，會使水溫升到285℃時，才會沸騰來產生水蒸氣。若爐心沒有加壓，一般在大氣中，水溫達到100℃就沸騰。當爐心達到高溫高壓就可以提高發電效率。

除了以內部循環的去離子的純水做為主冷卻水外，還需要與外界相連的次冷卻水來冷卻主冷卻水。主冷卻水經過次冷卻水的冷卻後，其中的蒸氣就會被冷凝成水的狀態，回到爐心繼續工作。大多數的核電廠蓋在海邊或河邊，就是為了方便就近取得冷卻水。

沸水原子爐的構造比壓水式原子爐簡單，原子爐的工

---

* 去離子水（Deionized water）是將水中的鈉、鈣、鐵這些元素的陽離子去掉，以及將氯、溴這些元素的陰離子也去掉，所以水中就不含有離子的成分，它的目的是不讓這些水因為輻射線的照射而產生電離現象而受到汙染。
* 氣壓的國際單位制是帕斯卡（簡稱帕，Pa），是指大氣中空氣的重力，也就是在一個單位面積上所接受的大氣壓力。其他的常用單位分別是：巴（bar，1bar=100,000帕），或公分水銀柱。
  在海平面的平均氣壓約為101.325千帕斯卡，或是76公分水銀柱，也就是一個標準大氣壓。
  在化學領域，氣壓的國際單位是atm，一個標準大氣壓就被稱為1atm。

作壓力和爐心溫度也稍低，原子爐的安全性就稍高，造價也稍低。但是因為它的冷卻循環系統直接連接到爐心和渦輪機，使渦輪機比較容易受到輻射污染，造成維修成本的提高。

　　台灣的核一電廠、核二電廠和興建中的核四電廠，雖型號名稱有所不同，但都屬於沸水式原子爐。

　　核一電廠是 GE 所承包的沸水式原子爐第 4 型，它的汽輪發電機由美國西屋公司承造。

　　核二電廠是 GE 的沸水式原子爐第 6 型，它的汽輪發電機也是由美國西屋公司承造。

　　核四電廠是GE日立（Hitachi Nuclear Energy，GEH）和日本東芝（Toshiba）所合作生產的進步型沸水式原子爐 （ABWR），它的汽輪發電機組由日本三菱重工（Mitsubishi）所承造。

　　因核四複雜的工程承包結構，整體的分包工程近千項，規格也由當初的設計變更了一千五百多項，這就是核四令人擔憂的地方。

壓水式原子爐

　　壓水式原子爐（Pressurized Water Reactor，PWR）與
沸水式原子爐一樣是利用輕水做為冷卻劑和中子緩速劑。
它的冷卻系統由兩個循環迴路所組成，只是它的壓力保持
在150個大氣壓左右，大約是沸水式原子爐的兩倍，在這種
壓力下可以將水加熱至約343℃而不會沸騰。冷卻水在二

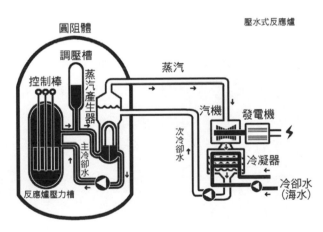

▲ 壓水式原子爐

迴路蒸汽發生器的傳熱管中，將壓力降到約70個大氣壓左右，此時二迴路水被加熱至沸騰，溫度大約在260℃，這時所產生的水蒸氣再通過二迴路送至汽輪機，推動渦輪發電機產生電力。

在傳熱管中已經釋放熱能的第一迴路水，大約以290℃左右的溫度流回到至爐心，就完成了第一迴路的水循環功能。而從汽輪機所流出的第二迴路水，經過冷凝器凝結為液態水後，再流回至蒸汽發生器，完成第二迴路的循環。

雖然壓水式原子爐的運轉比沸水式原子爐來得複雜，但它的效率比較好。目前全世界核電廠所使用的原子爐中，壓水式原子爐約佔總數的一半以上。目前世界上用於動力的原子爐都是屬於壓水式的，因為它的體積可以造得比較小，如核子潛艇、核子航空母艦等等。台灣的核三電廠是美國西屋公司（Westinghouse）所製造的壓水式原子爐，美國奇異公司所製造的汽輪發電機。

重水式原子爐

　　輕水式原子爐相對應的原子爐稱為重水式原子爐，現在世界上主要的使用國家是加拿大。「重水」顧名思義，它比一般的水（H_2O）重了一些，多了一個氫原子（H_3O）。

　　利用重氫原子來做原子爐的緩速劑的好處是，當一顆中子要去打擊鈾235的原子核時，在行進的路徑上會遭遇較密的阻力，因此前進的減速作用就會變得比輕水式原子爐更好一點；中子速度被減得更慢了以後，被鈾235原子核捕捉的機率就會提高，撞擊的機率也變得較高。

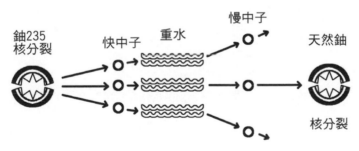

▲ 重水式原子爐的快中子減速原理

在這個機制下，鈾235的密度（濃縮度）就不用那麼高，也就是它可以直接使用沒有經過濃縮的天然鈾來當核燃料。天然鈾中的鈾235濃度只有0.7%，不需要濃縮就可以在以重水當緩速劑的原子爐保持連鎖反應，讓原子爐持續發電。

一些企圖發展核武的國家，如印度、巴基斯坦、北韓與早年的台灣，就是以一種不用來發電，而以實驗為名目的方式，向加拿大購買重水式實驗原子爐。這種原子爐只要使用天然鈾就可以達到臨界，不需要將燃料棒先送到其他特定國家做濃縮服務。這種原子爐可以發出40百萬瓦的熱能，但這些熱能就只是釋放到空中不做任何利用。

這些國家就利用這種原子爐日以繼夜的運轉，企圖讓燃料棒裡的鈾238吸收中子成為鈽239的同位素。前面說過，鈽239是一種可以製造核武的原料。二次大戰時，美國投在長崎的那顆原子彈（Fat Man）使用的原料就是鈽239。當時，德國也曾企圖發展這種核武，但因為運送重水的船被盟軍炸毀，所以沒有成功。

重水式原子爐還有一項特性，不像輕水式原子爐每十八個月就得停爐二至四個月時間，來更換大約四分之一到三分之一的新燃料。它可以不用停爐，邊運轉邊換燃料，這種方法被稱為「運轉中換燃料（On power refueling）」，所以它可以持續運轉，達到最大的效率。

無論是為了生產鈽239的同位素，或者單純是為了商業發電，這是一種很有效率的作法。不過它的核燃料雖不用濃縮，但重水的取得與補充卻是另一個問題；因為重水只佔一般水含量的萬分之一點五，價格非常昂貴，得之不易，完全要靠國外供應。

其他形式的原子爐

世界上還有其他式樣的原子爐，比如石墨式原子爐，但這種原子爐的核反應程度，會隨着爐心溫度增高而加大，並不符合原子爐的安全規範，所以現在世界各國幾乎已經不用了。車諾比核電廠的原子爐就是這種設計，結果

發生了極大的災難。

還有一種快滋生原子爐（Fast Breeder Reactor），也是因為安全與其他的問題，現在已很少被採用。

核能發電比較便宜？

核電業者的說法，核電是便宜的。尤其是台灣的台電公司，宣稱核一到核三的發電價格一度是0.66元，後來又修正到一度是0.72元。台電又預估若核四運轉，一度電價大約是2元。

可是美國能源部2012年發表的核電平均價格大約在一度是3.23元。為何差距如此大？依據我國旅美電力學者陳謀星教授的說法，核電是世界上最貴的電，以下就是他的分析；一座核電廠的發電成本，應包含五大部分：

一、**固定成本**，約占電價的10%～15%，是指當初建廠所購買土地、廠房、設備等等，在電廠運轉期間，每年所應攤提與所應負擔利息的成本。如核一至核四廠，預計要運

各類原子爐比較表

原子爐		原理	特性	備註
輕水式原子爐	沸水式原子爐	當原子爐燃料棒裡的鈾235進行核分裂時，所產生的熱能會使冷卻水沸騰，產生高壓的蒸汽來驅動渦輪機，然後讓發電機發出電力。	使用去離子的純水做為冷卻劑，也同時擔任中子的緩速劑。	台灣核一、核二、核四電廠都是屬於沸水式原子爐。
	壓水式原子爐	冷卻水在二迴路蒸汽發生器的傳熱管中，將壓力降到約70個大氣壓左右，二迴路水被加熱至沸騰時，所產生的水蒸氣再通過二迴路送至汽輪機，推動渦輪發電機產生電力。	冷卻系統由兩個循環迴路所組成。	目前全世界的核電廠多使用壓水式原子爐。台灣的核三廠也是使用這類原子爐。
重水式原子爐		不需要濃縮就可以在以重水當緩速劑的原子爐保持連鎖反應，讓原子爐持續發電。	不用停爐，可以邊運轉邊換燃料，達到最大效率。	主要的使用國家是加拿大。
石墨式原子爐		使用石墨來當中子的緩速劑。	核反應會隨著爐心溫度增高而加大。	因為沒有保護作用，安全性有問題，世界各國都已經不使用。車諾比核電廠便是此類設計。

轉四十年，就應攤提四十年。

　　二、**燃料成本**，約占電價的10%～15%，是指購買核燃料以及濃縮服務的成本。因鈾原料的逐年減少，預估四十至五十年後會枯竭，所以這個成本會每年增高，以2005年的前後四、五年為例，鈾現貨市場的漲幅為13.5倍，而同時期的油價只漲0.25倍。

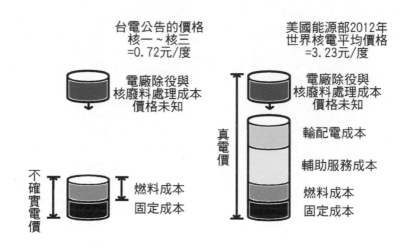

▲ 台灣的核電價格與美國核電平均價格比較 （資料來源：陳謀星教授）

三、**輔助服務成本**，約占電價的30%～40%，是指電廠為配合電力負載變化，不能在理想狀況下運轉所增加的費用。如某些機組為配合核電廠的停機、關機、備用容量*、無效電力調整等所需支出的成本。因台灣核電發電的比例約占15%至19%，所以一旦核電跳機而其他機組正好同時在維修，就必須要有很高的備用容量率。

　　前數年的備用容量率，由22%至28%不等。以101年度為例，備用容量率為22.7%，發生於民國101年7月11日。它的計算方法是以當時全國發電的尖峰能力，與實際尖峰用電負載的相差值，除以當時的尖峰負載值。也就是在夏季全國用電最多的時段，還有剩餘電力的比例。這個比例若過低，則有限電或停電的風險，若過高則造成浪費。

　　一般國際上均有法規約束，而各個國家或地區也都不同。以美國為例，有些地區為5%，有些地區為8%，過超過

---

* 備用容量率，指的是在一年當中，全國用電尖峰時，還有剩餘的電力比例，通常發生於7、8月最熱的時間。

這個規劃值,則所增加的成本不可以計入電費中,向用電者收取,所以民營電廠會非常謹慎的評估這個數值。

台灣目前的備用容量率規劃值是15%,可是多年來都遠超過這個數值。若核四加入運轉,這個數值又會增加5至6個百分點。

四、**輸配電成本**,約占電價的10%~20%,是指為將電力輸送到用戶端,所興建的各種設備與維護成本。若輸配電設施老舊,設計或管理不良,或負載不平衡都會影響到效率與成本。

五、**廢廠與核廢料成本**,約占電價的20%~30%,是指核電廠除役時的工程費用,以及所有拆除下來被汙染的非核燃料除汙與貯存費用,加上長期運轉中所產生的低階與高階核廢料處理與貯存的費用。

由上述的五項成本看來,台電宣稱的一度是0.72元中,還包含了核後端的每度0.17元。所以台電的核電電價大約是世界平均值的五分之一。台電的解釋是,因核一至

核三的建廠成本已折舊完成，但建廠成本也只佔了10%～15%，其他的85%～90%還是比世界平均值低了許多倍。

以核四為例，建造至今花了超過三千億，約為當初預算的兩倍。因日本福島核災事件，全世界對核安的要求增高，核四要追加的預算還是未知數。以美國能源部對核電舊規格的改進要求，核四很可能再增加一倍預算還可能無法達到這些安全規範。有些已完工的工程，比如，已埋入鋼筋混凝土中的管線、訊號線等等，是不容易改進的。日本福島的核災主要的原因就是冷卻系統損壞，還有電源與訊號線受損使廠區陷入一片黑暗之中，致使災害擴大。

核一到核三的建廠攤提是十五年，為何核四為四十年？因為分母變大了，除下來的結果自然變小。台電為何不使用相同的攤提年份或攤提公式，這是讓人不太了解的地方。台電曾解釋核一到核三是依據我國稅法規定的折舊年限，而核四使用的是國際的習慣方法，但還是未說清楚為何不用一致的標準。

以上各種費用中，若以同樣的單位發電成本，看世界

的平均值,核能的固定成本約為火力的5倍,風力的6.6倍。燃料及廢廠廢料成本,核能為火力的66.6倍,風力的無窮倍;因風力不需燃料費,沒有廢料,廢廠時材料沒有汙染,大部分的物質可以循環利用,土地也可做其他利用。而核電廠附近周邊的土地在運轉期間就受限制,除役後,土地也會長期受到核汙染的影響,無法再利用。

停建核四,就會缺電嗎?

台灣目前運轉中的大潭天然氣發電廠的發電量只有35%,若全功率發電,可抵一座半核四的發電量,以目前2.8GW的閒置容量就比核四的2.7GW還大,所以只要善於利用既有的電廠,比如大潭發電廠,就是取代核四的具體作法。

台電說天然氣是5.7元一度電,原因是國際天然氣價格高漲。事實上美國頁岩氣的大量開採,美國能源部也已經批准頁岩氣輸出,在數年之內會變成能源輸出國,國際

天然氣價格會急遽下跌。

　　天然氣價格的節節下跌是世界的趨勢，在原產地目前已下跌到谷底，北美已跌到了原來的四分之一以下，而且可以供應200至300年。所以預估未來天然氣發電成本，應可維持在與燃煤差不多甚至更低的程度，而且也沒有燃煤的汙染問題，更沒有核廢料的困擾與核災的壓力。

　　為了能說服政府與人民，讓核四繼續蓋下去，台電堅持核電是最便宜的電。因核四的續建，對核電界的商機是很大。對未來運轉時，採購、維護、服務的經費比起其他的發電方式也非常驚人。以核二廠幾根螺栓要價一億元，可以看出一些端倪。

　　除了台電自己宣稱這件事外，也發動被台電補助的諸多單位，與台電站在一條陣線上，宣稱核電是最便宜的電。諸如國內的一些經濟研究機構，比起其他領域研究案的金額是非常高的。這種源遠流長的補助項目，也是讓台灣的產官學以最大的力量來支持核電的電費最低的一個理由[3]。

由於國家在能源上的資源多被核電所佔用，相對的使再生能源的資源受到擠壓。儘管民間團體對此有所質疑，但影響力還是有限。

　　還有一個不太合理的事，是監督它的原能會接受台電的補助，承包台電的工程，雖原能會強調承包單位是它的下屬單位核研所，監察院針對這件事也曾提出糾正[4]，但目前改善情形不多。

　　監察院於2013年年初，就台電向民營電廠購電過程「異乎常情，悖乎常理」，通過彈劾當時的董事長、當時與前任的總經理[5]。台電購電不正常支出，以及圖利台電轉投資的民營電廠，使台電受到損失，這些案件應是導致電價虧損與電價不合理的原因之一。

　　因為核四的巨大投資與一些其他原因，台電由賺錢的國營事業變成虧損的單位，台電在2013年二月負債一兆六千億，達資產一兆八千億的九成以上，將面臨破產的危機[6]。它將處理核廢料後端二千多億的基金，借用了九成以上，以目前的負債，將來是否還得出來？也就是說

未來的核廢料將面臨無錢可處理的困境，這些事政府與人民均應很嚴肅的去面對它。

核電的風險

從三十多年前，美國發生三哩島核災事件後，核電的安全保證就已經開始被質疑。前蘇聯車諾比的七級核災，更證實了核電廠並非如核電界所說的那麼安全。

核電界並沒有對已發生的核災事件做深切檢討，特別去加強保障核電的安全，有時反而會以一些理由來為過去的災難找台階，因深怕會影響到往後核電廠的銷售，所有與核電廠有關的活動，也都牽涉到極龐大的經濟利益。

一直到日本發生了福島核災事件，四座原子爐全毀。過了二年事情逐漸明朗，調查報告也都指向「人禍」。但我們的官員還是宣稱，日本的核災絕對不會發生在台灣。

回顧這些核電廠的問題，幾乎都出在巧合中的巧合，天然災害加人為的疏失，再加上設計的盲點，一連串的意

外，造成了不可收拾的結果。以1985年7月7日核三廠失火事件為例，那天因是週末假日，廠內除值班人員外，所有員工都已休假。失火事件發生在當天下午5時23分。

依據台電在事後對外發表的說法，值班的人員感到場內發生震動，一號機立刻自動停機，汽機旁的冷卻水衝出並發生巨響。值班人員進入機房內查看，發現在發電機和勵磁機中間正在起火；雖火勢被消防隊控制住，但至今對事故真正的原因還是不甚了解，也不知道未來還會發生什麼事。

核子設施的發照

核子設施要由超然獨立的主管機構發給執照後，才允許興建與運轉，這是最基本的條件。

在初期安全分析報告（PSAR）通過後才能興建，在最終安全分析報告（FSAR）通過後才允許運轉。而在興建過程中，有任何規格變更，也要先呈報主管單位審查，確認

安全無虞才能施工。就好像我們考到了駕照，但並不保證一定不出車禍，還是要靠駕駛人小心謹慎為要。

核電界對核電風險的評估，最重要的考慮包括防止核輻射外洩的傷害，以及要控制發生事故以後的後續措施。

這些評估要包含核電廠本身，以及與它相關的核子設施。其他被評估的領域包含醫用、發電用、工業用和軍事用的核子物質的運輸、使用，高階與低階核廢料的運輸與貯存都被包含在內。

比如核一廠曾發生載送核廢料的卡車翻覆，載運核廢料的船隻與漁船相撞以致核廢料落海的事件，都是不合格的。

在國際主要負責核電安全的單位是國際原子能總署（The International Atomic Energy Agency, IAEA），它致力於提供安全與和平的使用核能科學與核能技術。凡是使用核能的國家也都會設立獨立與專業的部門，來監督和控制核能安全。

比如在美國，民用的核能安全是由核能管理委員會

（The Nuclear Regulatory Commission, NRC）負責。若NRC去承包美國核電廠的工程，它的公信力就會喪失。

任何一項核能工程，若需使用新型的安全和性能相關設計，都需要經過嚴謹的測試；當通過檢測，由超然獨立的主管機構發給執照後，才允許運轉。即使如此，還是無法保證這種設計、建造一定安全，比如曾發生核災的三哩島、車諾比與福島，這些核電廠都通過測試，也領有執照，但災難還是發生了。

在台灣，原本應獨立超然執法的原能會，卻承包一堆台電的工程，監察院糾察了原能會、台電和經濟部，但工程還是持續的進行著。

如此一來，工程品質該由何人把關？這些事都是未來出事的潛在因素。

核四在興建過程中，變更了一千多項規格，是否每一項都是先審查後施工，這點是有問題的。以原能會現有的編制，要撥出一部分人力去承包台電數十件工程，是否還有足夠人力逐項審查這些規格變更案件？

可怕的爐心燃料

　　核電廠是極為複雜的發電系統，既使在安全上做最高的要求，最嚴謹的測試，還是難保永不出錯。

　　1979年三哩島的核災事故就暴露了一個很重要的信息，就是核能世界中有一個可怕的錯誤鏈，一個錯誤會帶來另一個錯誤，一個接着一個，引發一系列的錯誤，導致無法挽救的災難。

　　而若當時操作人員訓練不足，或建廠時有任何施工的問題，一旦出事而無法即時控制時，原子爐的爐心裡的鈾燃料棒就會熔毀，而引發可怕的核災。

　　冷卻系統主要的目的是要帶走爐心的熱量，所以若發生問題，核燃料就可能熔毀，原子爐的爐底也會被熔穿。熔化的高溫核燃料會進入地下，汙染土地與地下水，這就是爐心熔毀。

　　比如，福島核災就是海嘯沖垮了核島區外的冷卻系統，使得四座機組全部損壞，造成嚴重的輻射外洩，使鄰

近的土地與住宅都受到輻射汙染，這種損失幾乎是無法估計的。

美國的三哩島、前蘇聯的車諾比與日本福島事件都發生了爐心熔毀。

車諾比核原子爐的設計，因使用了正值的空泡係數（void coefficient），也就是冷卻系統故障時，會導致核原子爐功率迅速上升。

其他國家所有的原子爐都使用了負的空泡係數，這是一種重要安全的設計。

核電廠還有一個很複雜的問題，它的生命周期非常長。從建廠開始，到運轉發電，到廢廠除役，最後處理放射性核廢料，前後需要100年以上的時間。

而核廢料放進了貯存場，至少需要保證這些核廢料在10萬年的時間裡，不會因任何原因出事，如地殼變動、戰爭、後人好奇挖掘或考古研究等，美國最近又宣布要延長到100萬年。

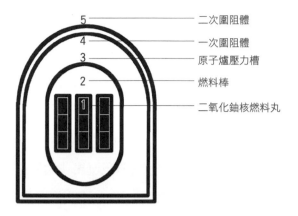

5 —————— 二次圍阻體
4 —————— 一次圍阻體
3 —————— 原子爐壓力槽
2 —————— 燃料棒
1 —————— 二氧化鈾核燃料丸

▲ 核電廠劃分為五層保護模式

核電廠的保護模式

為了確保核電廠的安全，核電界將核電廠劃分為五層
保護模式。第一層是類似陶瓷結構與性質所構成的二氧化
鈾核燃料丸。

核電廠一開始運轉，它就產生熱量、輻射線、核廢
料。這些燃料丸在原子爐內的時間，平均約在4年左右。但
在退出爐外後卻要照顧它們至少10萬年，目前還沒有研究

出完善的辦法。

第二層是以鋯合金將燃料丸包封，所形成的燃料棒。這種鋯合金在運轉時，對中子的吸收率很小，但若遇到攝氏一千多度的高溫蒸氣會產生氫氣。氫氣濃度高就會發生氫爆，福島核災就是這個原因造成的。

第三層是由鋼製成，厚達十餘厘米的原子爐的壓力槽，其中有許多穿孔，用來導通壓力槽內外的訊號、水流、蒸氣。這些穿孔的品質若有一點點問題，就會造成核電廠有爆炸的風險。

第四層是由鋼筋混泥土建造，可耐高壓，並且氣密封閉的原子爐圍阻體，或稱作一次圍阻體。與壓力槽一樣，其中也有許多穿牆孔，用來導通圍阻體內外的訊號、水流、蒸氣等等。這些穿牆孔的品質若有一點點問題，也會使核電廠產生風險。

第五層也就是最外層，是核原子爐的建築體，也被稱為二次圍阻體。這個保護體的主要目的是，要將廠內的輻射物質全部包封起來，不致外洩而危害到廠外的大自然環

境。車諾比核電廠因為沒有圍阻體，所以發生意外時，才造成無法挽救的災難。

　　日本福島的核電廠便是因為這五個保護層皆遭到破壞，高輻射物質外散，而導致嚴重的核災。

核四的風險

　　從過往的經驗中，在核電廠的建構與運轉中，只要產生一點點的人為錯誤、或設計盲點、或偷工減料、或機械故障，都有可能造成大災難；更不用說以上的問題同時出現時，會產生多嚴重的後果。而這也是台灣核四廠引起的爭議與令人恐懼的問題。

　　美國西屋公司認為AP1000型原子爐爐心損毀的最大頻率，是每年損毀5.09×10^{-7}個原子爐。而GE公司對進步型原子爐的最大爐心損毀頻率是每年4×10^{-7}個原子爐。GE對它生產的其他核原子爐的最大爐心損毀頻率計算如下：

BWR/4 -- 1×10^{-5}

BWR/6 -- 1×10^{-6}

ABWR -- 2×10^{-7}

ESBWR -- 3×10^{-8}

由這些數字看來,似乎最壞狀況就是BWR/4(每十萬年才會發生一座爐心損毀),但全世界的四百多座原子爐,目前平均運轉不到三十年,總共的紀錄大約是一萬二千爐年,也就是將原子爐的數目乘上平均運轉的年數。至目前為止任何一座原子爐發生爐心熔毀的機率,應該還遠低於這個數字,但日本福島的原子爐一次就損毀了四座,若加上三哩島與車諾比事件,這個理論數據是無法讓人令人信服的。而核電廠的供應商們,還是繼續的在發表這種數據,這一點我們必須提醒政府。

目前台電積極的尋求國外專家來為核四的安全背書,以下就針對原能會於2013.5.31所公告「台灣運轉中核能電廠壓力測試之獨立同行審查報告書」,提出一些看法。

日本福島一廠發生0311核災後,歐盟對核電廠壓力測

試做出三個要求，極端天然災害、喪失安全系統及嚴重核子事故管理。並分成三階段執行，一、自我評估期。二、國家壓力測試報告期。三、同儕審查期。

在執行面，特別重視資訊透明化和公眾意見的參與。

台灣也仿照歐盟的作法，可是在第一期與第二期工作都還沒有明確的結果前，就直接進入了第三期的程序，找國外同儕來審查。林宗堯先生所提並被經濟部所接受的主張[7]，是將核四在四年來，由施工處已移交電廠測試小組的近百個系統，全數退回施工處。然後終止所有的測試工作，再將施工處整理好系統移交文件後，重新移交給獨立的測試小組。

筆者也曾以核四論提出一些看法，發布在民間監督核電廠的非營利組織網頁上[8] 大意是對《核四論》的一些意見與質疑。在經濟部接受他的意見後，就於2013年6月11日起正式聘他擔任經濟部顧問，並全力支持他的構想。但在2013年8月2日經濟部在新聞稿上說，林宗堯於2013年7月31日向經濟部提出核四安全檢測意見摘要共兩頁，並提出一

份辭職報告書，述說這些構想的無法執行[9]。在時間上，正好在立法院要表決核四公投案的前夕。

　　根據法規，在執行核電廠壓力測試過程中，資訊必須透明化和要有公眾參與。但台電以人員的隱私權為理由，不願公布核四試運轉測試人員的資歷與背景，所以外界無法了解這些專家們是否有足夠的學經歷、專業能力，或是否持有國家承認的合法專業證照等等。

　　台電應公告獨立同行審查小組成員的基本證照，是否持有ENSREG所發給的授權證明、曾經審查過其他國家核電廠相關經歷與評價。是否有被他們審查通過但卻又發生核災的紀錄。在與他們簽約前，政府是否已對他們的資格先行審核，他們的學經歷與證照是否經我國政府機關所承認，被他們審查過後的核安保證期有多長？ENSREG對他們的審查結果承擔何種法律責任？

　　在國家邀請他們來台審查前，在政府與他們簽署的審查服務合約書中，與他們簽署了何種核安保證文件？審查者承擔何種法律與風險責任？若被審查通過的核電廠出

意外，他們要承擔何種賠償責任？

　　找國際專家來評審的目的是，在於確保我們的壓力測試報告所使用的方法論，以及與其他國家在針對福島事故執行全面安全審查時，所使用的方法論是不是一致。這種一致性，應指福島核災發生前後的一致性，若是發生在核災前的審查發現就有問題，而要求被審查者採取改善措施，就有審查的意義。否則這種審查是毫無意義的。

　　審查小組在核四的審查報告書中指出，原能會或台電公司對於審查技術與分析，缺乏技術基礎的了解；對執行的工作，未能符歐盟ENSREG壓力測試標準的預期。在這種前提下，原能會或台電公司應先做好自我技術充實的工作，審查後也應提出具體的改善措施，如此找人來審查才有意義。

　　至於對地震風險的評估，審查小組主要是針對台電與原能會所提供的資料作審查，審查報告幾乎就是台電原先對外公開資料的內容[10]。報告中指出原能會與台電公

司已成功確認出必須更進一步處理,並解決之地震議題,應該執行斷層位移危害分析。在立法院聽證會上,接受台電委託的單位指出,核一、核二與核四附近海底的斷層只是「溫泉」[11]。

對抗震的設計,台灣遠低於日本福島核電廠,核一是0.3G*,核二至核四是0.4G,日本福島是0.6G。

原能會副主委在立法院或其他公開場合宣稱,日本抗震的G值與台灣的G值是不一樣的,但並未說明不一樣的地方。理論上原能會應監督台電,對幾座抗震不足的核電廠做好抗震補強,以確保核安。

綜觀整份審查報告書的內容,原本應是台灣原能會份內的工作,卻由資格尚不明確的外籍核電同業來審查,而審查結果是否有法律責任亦不明確。

所審查的資料內容,也多由台電或原能會所提供,與他們向政府主管單位及民眾所公開的內容差不多。真正與核安密切的問題,在報告中看不太出來;比如一些施工時發生的司法刑案,或被監察機關彈劾、糾正的案子,對核

安到底有沒有影響均未提及。

　　報告最後結論指出，專家小組對原能會及台電公司實施的壓力測試感到滿意。同時指出台電公司基於福島事故後的經驗回饋，將進行強化措施，而且會與其他國家所採行的措施一致。其中更強調台電及原能會在斷然處置指引（URGs）的發展超越其他國家所採行的對策。

　　報告中較嚴重的一點，就是對壓力測試，專家小組宣稱並未發現任何缺點[10]，可是在許多章節中又提出各項缺失，原能會也以此份報告，向政府決策單位及大眾宣稱「專家小組並未發現任何缺點」。報告結論中也談到斷然處置措施，事實上斷然處置措施已被國內學者指出有許多疑點，其中有若干條件必須滿足才能順利執行。而這些條件被學者指出是不可能完備的[12]。

————————

* G值指的是重力加速度，是國際標準的數值。

有關這些疑點在本書討論斷然處置措施的章節中，有較詳盡的討論。不過同樣的，這項措施還是由原能會所承包台電的工程，又是一項違背監督單位職責的行為[13]。斷然處置措施至今尚未通過原能會的依法審查[14]，在程序上不應先公開宣布這項措施，但這項措施已由總統向國人宣布。

世界各國發展核電的狀況

美國自三哩島事件後，北美各個核電廠都面臨核管會更嚴格的監督，對安全的要求也愈來愈高，安全要求提高的意義，就是反應了成本的提高。

對正在興建中的核電廠，除了預算激增，運轉執照的門檻也是更加嚴格。即使取得了執照，在地居民的抗爭也是一項變數。

美國就有案例，核電廠蓋好了，但廠外的緊急應變計畫沒有得到居民的認同，整座核電廠因此停擺[15]。

核電廠數量不等於原子爐數量

　　在全世界四百多座的核原子爐中，三十多年來整個北美雖只核准了兩張新的建廠執照[16]，但是至今並沒有新的核電廠加入運轉。

　　馬英九總統曾在2013年5月中旬，接見旅美學人陳謀星教授，聽取陳教授對核電電價的分析以及世界各國核電逐漸凋零的趨勢。可是在會後向媒體發表談話時指出：「全世界運轉中的核電廠有435座，未來十年也許會有666座核電廠運作，所以廢核不是世界趨勢。」

　　這些資料與事實有很大出入，因為核電廠的數量並不等於原子爐的機組數量。有些核電廠只有1個原子爐機組，有的卻有6到8個不等。比如，台灣目前有3座核電廠，卻有6個原子爐在運轉。日本發生核災的福島一號核電廠有6個機組，雖然毀了4個原子爐，只算是一座核電廠。

　　所以並不是世界上有435座核電廠，而是原子爐。但435這個統計數字也是有問題的。日本福島核災前，有54個

原子爐機組，核災時損毀了4個，另外的50個停掉了48個；美國有104個原子爐，已有24個停止運轉，也有很多原子爐將提前廢爐；俄國有34個原子爐，有6爐已停轉；英國雖準備新建2個爐，但已廢了16座爐，現有的17座爐，到了2026年會全部廢除。

隨著時間陸續停止的機組數量比新加入的機組多，未來會有666座機組運轉，也是不可靠的數目。

以美國為例，自從三哩島事故後至今，整個北美沒有增加一座核電廠，只有一座一座的關閉，加州最近才將2個原子爐關閉。因為核電的電價已難以與其他方式競爭。美國主管能源單位的公告，它的實際成本超過新台幣四元以上，銀行也不願貸款給他們，這就是核能逐漸凋零的原因。

歸納核電日趨衰微，根本的原因包含，自三哩島與福島核災後，世界各國對核電廠安全的要求提高，相對的成本大幅升高，這些民營電廠若不靠政府補助已無法與傳統發電成本競爭。

核電燃料將於四、五十年內枯竭，在運轉期間價格會大漲，而天然氣價格已在大跌，至少可供應市場200年所需，核電已無法與它競爭。

核廢料至今尚無具體解決方案，處理核廢料的經費無法估計，若算入核電成本，使核電價格會更高。目前美國核電價格約為一度3.2元[17]，已比天然氣貴，而又因輻射汙染與核災威脅，導致居民抗爭，又多了未知的成本與變數。

我們實在沒有必要去冒這麼大的核災風險，與核廢料困擾，來如此積極的發展核電。

核電的主要供應商GE總裁曾表示，已無正當理由再發展核電，所以就將技術轉給日本，讓日本繼續經營剩餘價值。但福島核災後，GE並沒有賠償日本任何損失，卻仍繼續往第三世界強力推銷核電廠。

加拿大最大的核電公司AECL，曾經擁有24座核電廠，因為數十年沒訂單，又老是出狀況，最近以一千五百萬加幣給賤賣掉了。

德國最大的核電公司西門子也結束了核電事業,而全力發展風能。

自2011年日本福島核電事故,世界上31個核電國家中,德國、瑞士、比利時在當年就宣布,將在經過十一至二十三年的緩衝期之後,完全廢除核電。這些準備廢核的國家,均已訂出廢核時程表,而且經過立法的程序,成為國家的法律與政策。若主政者沒有執行這些政策就是違反法律,就有刑責就會下台。

至於有些亞洲國家,如越南、韓國、中國,和一些中東國家,為何要繼續發展核電?這些原因可能是為了核武的發展、或怕石油比核燃料枯竭得快、或因發展核電的金額極為龐大,買家甚至比賣家還有利可圖等等。

但從許多先進國家都已有廢核政策,比如德、義、瑞、比等國,英、美、法、日等國也大幅的減核來看,廢核將是世界的趨勢。

核輻射

自然輻射與人造輻射

核電廠與一般的電廠最大的差別就是，核電廠會產生有害人體的核輻射。而這種由人為方式產生的核輻射對人體的影響，比大自然的輻射線，或由燃煤所產生的危害多了數千倍、數萬倍，因為核輻射會在人體沉積超過50年，引發許多癌症病變，甚至影響子子孫孫。

我們常聽到生活環境中到處都是輻射，比如我們去醫院照X光、搭一趟飛機、講一通手機、抽一支菸，或住在花崗岩附近的居民，也都會暴露在輻射線之下，或是燃煤的電廠也會釋放出輻射線；事實上，自然輻射或上面舉的例子，與核電廠造成的核輻射有很大的差距。

二百萬年來，人類的演進已與自然輻射達到和平共存的平衡狀態，比如太陽光就是自然輻射的一種，即使人類已適應這種輻射線，但也不能過度的曝曬，否則也會罹患各種不同的癌症，比如皮膚癌。

而背景輻射，比如泥土中的輻射、岩石中的輻射，多

少會破壞細胞而影響健康。所以不管是自然或人為的輻射或化學物質，若沒有處理妥當，都會造成傷害。

在「核你到永遠」[18] 這部影片中所說，一百年前當輻射線被發現時，人們並不知道那很危險，而只注意到它的利用價值。無論當時的動機是什麼，也許是為了探究原子或核子的奧秘，或是為了研究電磁波的應用，早期對於這種輻射線的危害，科學家們還沒有很清楚的概念。因為它

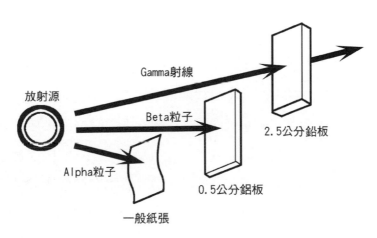

▲ 不同的輻射物質有不同的能量

是看不見也聞不到的，可是它卻可能會殺死人。

　　輻射線就像許多小股的能量，當接觸到人體的基因碼與DNA分子時，輻射線會破壞它們，分離它們。比如，一個人接受輻射線嚴重的被曝汙染，起初他沒有任何感覺，但一個小時以後，就會感到噁心想吐，像是食物中毒。再過幾天也許會好轉，但二周後全身會出血，開始腹瀉並發燒，幾周後可能會死亡。若被曝沒有嚴重到死亡的程度，但它會改變基因使基因突變，產生畸形、疾病或失能。

　　這個問題直到有些科學家罹癌的機率高出一般常人時，輻射線對人體有害的事實，才逐漸被科學家們所重視。後來逐漸衍伸出保健物理（Health Physcis）這個專業的學門，研究如何防止輻射線或輻射物質對人體造成的危害，以及如何保護與輻射相關工作人員的健康。

　　對台灣而言，除了自然存在的輻射線外，一些醫療設備、核電廠以及它的相關設施，是人造輻射線最主要的來源。台灣目前正在運轉中的三座核電廠，如果由它們所產生的低階或高階核廢料的處理，或減容過程稍有不慎，就

會使輻射物質外洩，對附近居民和環境造成傷害。

　　核電廠的最大麻煩是，它會製造出大量的輻射物質，而這些上百種自然界本來不存在的同位素，比自然界中既存的輻射物質強了數千倍、數萬倍，它不只發射出穿透力極強的伽瑪射線，還會釋放出阿爾法和貝他輻射粒子。

核電廠釋放的輻射物質

　　核電廠無論是在正常運轉期間，或不謹慎的空浮事件*，或管制不嚴的核廢料減容焚燒過程，或最可怕的核災，都會發生產生核輻射。因為它們對人類的危害都是以一百年、一千年甚至數萬年為單位，所以也被稱為世紀之毒。若再加上至今全世界還無解的高階核廢料（使用過核燃料），若處置不慎，它會釋放出與核電廠發生意外不相

---

* 空浮事件就是輻射粒子洩漏到廠外，飄浮於環境的空氣中，核一廠就
　發生過。

上下具毀滅性的輻射廢料。

　　一座核電廠如果能輸出1000百萬瓦（megawatt）的電力，每年平均就會製造出大約30公噸的高階核廢料。台灣的核一、核二、核三，每年加起來會產生170噸的高階核廢料。台灣的核電廠至今已運轉了三十多年，國外核電廠有五十多年的歷史，但無論是國內或國外，至今仍然無法處理這些致命的物質。

　　這些核廢料大多被放置在核原子爐廠房內的冷卻水池裡；水池放不下了就被移出來，放在廠界內的乾式儲存桶裡，等待未來技術或土地問題解決後再移走。

　　有些國家發生過核廢料不慎滲透到土壤，進入地下水、河川、湖泊與海洋的意外，汙染了食物鏈，包含植物、漁產、動物和人類[18]。

核輻射物質的半衰期

　　由核電廠原子爐產生的核分裂反應，所製造出來的

主要核輻射物質的半衰期

放射性同位素	半衰期	放射性活度（居禮-公克）
鉬99	66.7小時	474,000
碘131	8天	123,500
氪85	11年	392
鍶90	28年	141
銫137	30年	86.4
鎇243	7370年	0.2
鈽239	24400年	0.0613
鈾235	7億年	0.00000241
鈾238	45億年	0.000000334

*居里（Ci）=3.7x10的10次方貝克（Bq）
*貝克（Becquerel）：若每秒有1個原子衰變，其放射性活度即為1貝克。

輻射物質，有幾種對人體影響較大；比如，鈽239、鈾238。

　　蘇聯車諾比、日本福島的核災中，這幾種輻射物質從原子爐大量的外漏，造成嚴重的環境污染。

　　下面這張表列出了由核分裂時，會產生的主要輻射物質的核種與它們的半衰期。

　　半衰期就是指輻射強度減弱到一半所需的時間。其

正面　　　　　　　　背面

▲ 簡易的輻射偵測計。
　 正常的背景輻射值大約是0.05 uSv/Hr，或是0.5 mSv/Yr左右。

中鈽239並不是由核分裂所產生，它是由鈾238吸收了一顆中子而變成的。鈽239是一種含劇毒的人造元素，自然界是不存在的。它的半衰期是二萬四千多年，這就是為什麼核廢料的最終貯存場，必須要維持十萬年以上不能發生洩漏的原因。

如何偵測核輻射？

核輻射的偵測，表面上看來好像是很專業的問題，核能專家老是以非常專業的術語以及各種法規，來約束大眾自行偵測的機會。

事實上，就如量體溫、量血壓般，民眾只要自行購買具備基本功能的儀器，就可做到基本的輻射量測。當民眾以簡易的輻射偵測儀，測到不尋常的輻射值時，就可以告知主管機構，讓主管機構來做後續處理。

比如，二十多年前發生在台北市龍江路與民生東路口附近的輻射屋的事件，若居民能有自行偵測的能力，事件

就不至於被隱瞞七年之久，讓無辜的居民接受不必要的輻射線傷害。事後雖當事的官員受監察院彈劾，原能會主委也向受害者鞠躬道歉，但這對一千多戶住宅，一萬多位受害居民都於事無補。後續的賠償也挽回不了居民身心所受的傷害[19]。

蓋革計數器

一般簡單易用的輻射偵測儀器是蓋革計數器（Geiger counter），又叫蓋革－米勒計數器（Geiger-Müller counter）*。它可以用來探測各種電離輻射如 α 粒子與 β 粒子，有些型號的計數器也可以探測 γ 射線及X射線。

蓋革計數器的基本原理，是根據輻射線會對氣體產生電離的性質而設計的。

儀器中的探測頭稱為「蓋革管」，它的結構是在一個兩端用絕緣物質密閉的金屬管內，充入稀薄的稀有氣體，如氦氣、氖氣或氬氣等。

在沿著管子的軸線上，裝有一根金屬絲的電極，並在金屬管壁和金屬絲電極間加上電壓。

　　在無輻射線穿過的狀態下，管內氣體就不會放電。而當有輻射線射入管內時，輻射線的能量會使管內的氣體電離而產生導電效應，在絲極與管壁之間產生氣體放電的現象，而輸出一個脈衝電流的信號。經由加在絲極與管壁之間適當的電壓，就可以探測出輻射線的值。

　　有些較高檔的偵測儀，還可以依據所偵測出輻射線能量的能譜範圍，以預先儲存在設備內的軟體與資料庫，算出核種的種類、強度、累積值等，方便使用者後續的分析。

　　與前者只能測出輻射強弱的簡易型定性設備相比，這種能分析核種的功能，就是所謂的定量分析。

　　無論是定性或是定量型設備，都可提供使用者對自身環境的輻射值做基本的了解與警覺。

---

* 紀念發明者德國物理學家漢斯‧蓋革（Johannes Hans Wilhelm Geiger）和他的學生米勒（Walther Müller）所取的名字。

輻射劑量

人體所受到的輻射劑量,是以輻射的強度與暴露時間來計算,所以較常看到的是微西弗/時(uSv/Hr)或毫西弗/年(mSv/Hr)兩種,而毫西弗(mSv)是微西弗(uSv)的1000倍。我們的生活環境,正常的背景輻射值大約是0.05 uSv/Hr,或是0.5 mSv/Yr左右,若超過這個數值數倍,就要留意是否環境受到了核輻射的汙染。

原能會輻射偵測中心資料[20] 顯示,台灣的年平均天然輻射約為1-2毫西弗。

若我們每天看電視一小時,累計一年的輻射劑量大約為0.02毫西弗。

核輻射對人體健康的影響

由核子設施所可能產生輻射核種的同位素有上百種,在此說明對人體健康影響較為嚴重的幾種同位素。

碘131會引發甲狀腺病變

所有核原子爐都會製造出碘131同位素，無論是什麼原因，若它由核原子爐裡被釋放出來，經由空氣或食物鏈進入人體後，就會積聚在甲狀腺裡面而引發疾病，比如甲狀腺癌。甲狀腺的病變會導致正在發育的幼童產生智障、身體及神經系統發育不健全。

在我們活動的生活空間，根本不應該有它的存在，它只會來自核爆或發生意外的原子爐或處置不當的核廢料。

輻射碘131的半衰期是8天，是非常容易衰變的同位素。它會釋出貝他（beta）粒子和高能量的伽瑪（gamma）射線，所以非常容易引起癌症。當人體吸入被碘131污染的空氣時，它會經由肺部進入血液。

碘131也會沉積在被汙染的土壤中，經由植物的葉子吸收，然後集中在農作物裡。

若牛羊吃了受碘131輻射污染的牧草，它又集中在牛

輻射的活度：在一定的單位時間內，輻射核種發生衰變的數目，若衰變愈多，它的活度也就愈大。單位居里（Ci）是為了紀念居里夫人，但因居里數值太大，後來就以貝克（Bq）來表達。貝克是為了紀念法國物理學家亨利·貝克先生。一居禮相當於3.7×1010貝克的放射性活度。

輻射的暴露量：輻射線對空氣的游離能力，也就是空氣被游離量愈大，它的暴露量也愈大。暴露量的單位，早期是以倫琴（R）為單位，是為了紀念德國的物理學家威廉·倫琴先生（Wilhelm Röntgen）。後來則以庫倫/千克（C/kg）為單位，每一倫琴等於2.58×10-4C/kg。

輻射的吸收劑量：被輻射照的每單位物質，所吸收輻射的平均能量。有些物質被輻射線照射後，會被吸收的輻射能量不一定相同。它的單位是雷德（Rad），目前使用戈雷（Gy），是為了要紀念英國的物理學家，也是放射生物學之父路易斯·哈羅德·戈雷（Louis Harold Gray）。一戈雷相當於100 Rad。

等效劑量：吸收劑量乘上加權因數，也就是衡量不同類型的游離輻射，對生物有不同的效應，輻射防護上使用得較普遍。單位是雷姆（Rem, Roentgen equivalent man）。人體的倫琴當量，就是一個人接受了相當於多少倫琴的輻射劑量。後來習慣的用法是西弗，是為了紀念瑞典的生物物理學家，也是輻射防護專家羅爾夫·馬克西米利安·西弗（Rolf Maximilian Sievert）而命名。因為西弗的值太大，一般就用微西弗來量測，也就是百萬分之一西弗。

乳裡。當人們吃了被輻射污染的牛肉或牛奶，碘131會經由膽部進入人體。若是經由肺部吸入，碘131會在人體的血液中循環，被甲狀腺吸收，而兒童受碘131的影響特別大。

二年前日本剛發生核災時，許多人聽說鹽巴裡的碘可以防輻射而搶著買鹽巴。為什麼發生核災時要吃鹽呢？因為鹽巴內含有天然的碘，若先將沒有受輻射汙染的碘讓甲狀腺吸收，甲狀腺就不會繼續吸收含輻射的碘131了。

在災區，第一時間就要發放碘片給災民，尤其是幼童，一定要及時服用。不過鹽巴的碘含量非常微小，好幾公斤的鹽巴效果還沒有一片小小的碘片有效。

銫137容易引發肌肉病變

銫137的背景值應是「零」，因為它不存在於大自然。這些輻射物質並不是自然世界的一部分，都是來自出了狀況的核子設施，釋放到我們的生活環境中，造成人體的傷害。

銫137的半衰期是30年，要經過20個半衰期才能達到安全的程度，也就是大約600年。

　　銫137與鉀（potassium）元素很類似，人體的細胞裡都含有鉀元素，所以銫137會被人體當作鉀來吸收，沉積在人體的肌肉裡，刺激肌肉細胞以及器官。也會沉積在動物的肌肉和魚類中。

　　銫137同樣的會釋出貝他粒子和高能量的伽瑪射線，所以也常容易引起癌症。在1970到1980年代，位於美國長島的布魯克海文（Brookhaven）國家實驗室裡，有一座原子爐曾經釋放出輻射物質很多年，造成了附近的兒童罹患了一種非常罕見的癌症橫紋肌肉瘤（rhabdomyosarcoma），這種惡性肌癌被認為就是受曝於銫137所導致的[21]。

　　車諾比核電廠核災，它由石墨所建成中子緩衝劑的原子爐爆炸後，爆炸威力將各種輻射物質炸射到空氣中；因當時的風向大多是向北和西方吹去，所以北邊白俄羅斯地區的居民受到了嚴重的銫137汙染。

　　西邊的北英格蘭和威爾斯的牧羊者，甚至到了25年

後，他們的羊群還是無法賣出，因為羊群所吃的牧草吸收了空氣中的銫137，導致羊肉的銫含量超標。

　　位在更遠的加拿大也沒能倖免於難，輻射性的銫137飄落到廣大的原住民土地上，被大地的地衣吸收，數十萬遷徙的馴鹿又吃了這些地衣；居民食用了馴鹿，使得他們身體內的銫137高出標準。到了今天，這些銫137還有過半依然留在環境裡，因為它的半衰期是30年，也就是過了30年，它的輻射程度才會降低一半。

鍶90會引發乳癌、骨癌、白血病

　　鍶90（Strontium 90）會由原子爐中，每天以小量的成份慢慢釋放出來的一種同位素。

　　大部分會存在於核電廠排出來的冷卻廢水中，有時候也會被發現在由煙囪所排出的空氣中。

　　尤其是在核電廠發生空浮或意外事故的時候，就會釋放出極大量的鍶90；大部分都會沉積在土壤或水池裡，

然後慢慢的累積與濃縮。

鍶90是貝他（β）與伽瑪（γ）的輻射放射體，它的半衰期是28年，大約要到600年後才會達到安全的程度。

因為鍶90與鈣元素（calcium）的特性非常接近，人體會誤以為是鈣元素而吸收鍶90。

植物或水產品吸收後，動物吸收它們，再進入牛羊的身體。人類喝了牛奶、羊奶，或吃了牛肉、羊肉，就進入哺乳媽媽的乳液裡。

經過若干年後，除了會造成女性罹患乳癌外，如果嬰兒喝了受污染的母乳或牛奶，容易罹患骨癌或白血病。

鈽239容易導致肺癌、淋巴瘤或白血病

鈽239（Plutonium 239）是一種人造元素，主要來自原子爐中，鈾238捕獲一個中子而來。如前面提過的，在我們生活的環境中，鈽239的背景值也是「零」才對，因為它在自然界中也不應該存在。

鈽239的名字是取自希臘神話中的地獄之神冥王星（Pluto），它的毒性非常強，很容易讓人致癌。鈽元素的發現者葛蘭西伯格（Glen Seaborg）說，鈽是地球最危險的物質。鈽239是阿爾發（alpha）輻射的放射體，會持續的發出阿爾發粒子。

　　人體只要吸入百萬分之一克的鈽，就會導致肺癌；若再經由肺部進入血液，就會破壞胸部的淋巴腺，使白血球或淋巴細胞基因突變，導致淋巴瘤或白血病。

　　因為鈽的化學性質與鐵質很相似，所以容易與血液結合，被帶到骨髓中造成骨癌。若鈽被儲存在肝臟，就會造成肝癌。若經由胎盤進入發育中的胚胎，就會造成畸形兒。它也會被帶入人體的生殖器官，而造成細胞的基因突變，增加後代子女病變與畸形的機率。

　　有科學家發現北半球的部分男性生殖器官中，有非常少量的鈽，這少量的鈽可能與五〇、六〇年代時，美、蘇、中、法和英國等國所進行的核子試爆有關[21]，一直到今天這些核子落塵還是繼續的飄落到地表中。

鈽239的半衰期大約是二萬四千多年，就是經過十萬年，它對人類的健康還是有威脅。有時因輻射線的傷害，人類隱性基因的突變會在經過十幾代以後，才會在子孫中顯現出某些疾病。

核輻射對後代子孫的影響

　　核輻射對後代子孫最主要是基因或DNA的影響，如果基因或DNA的修補不全，就會導致較高的輻射傷害。目前的研究[21]已確認有些基因胚子（homozygous）所產生的基因疾病，是由於其對於游離輻射暴露所引起的DNA斷裂修補不良，而產生各種癌症。

　　而這類情況，又與這些人對輻射的敏感度有相當的關係。但核電業者經常以輕描淡寫的方式，希望能減少民眾對它的戒心，來減輕應負的責任。

　　台灣一個拒絕危險核電、守護孩子未來，免於輻射汙染威脅為主要訴求的民間團體「媽媽監督核電廠聯盟」

[21]，曾於2013年7月間邀請了澳洲的海倫·寇迪卡（Helen Caldicott）醫師來台演講，講題是「輻射對人體的影響」。

海倫·寇迪卡原來是小兒科醫師，曾在美國哈佛大學醫學院教授兒童醫學，畢生關心下一代的健康。

她的演講內容，直述輻射線對下一代幼兒的嚴重危害，呼籲核電業者要拿出良心，不要為了這一代的利益，殘害下一代的健康。

她舉出許多實際的醫學報導，由日本二戰時的原子彈受害者的後續健康狀況，蘇聯車諾比核災的受害者，以及日本福島的隱憂等等，也一一舉出真相。

自日本長崎、廣島被原子彈轟炸後，全球的核武競賽及核試爆所產生的輻射污染愈加嚴重，最近北韓也開始進行核武；由核試爆加上核電廠的核災，這些嚴重破壞生態的輻射線，經由大氣、海洋、地下水，散佈在地球各個角落，使我們無處可逃。

比如，在美國內華達州，由於美軍的核彈試爆，使得當地佔多數印第安居民及其他的當地人，身心均深受其

害，他們不斷的去控告美國政府。

　　美國芝加哥附近漢佛德（Hanford）原子爐，也曾發生過多次意外，大量的碘131釋放到附近的環境，明顯的造成某些15歲到18歲的年輕人甲狀腺功的病症。

　　蘇聯車諾比的核災意外，輻射核種大量的外釋而造成英國、波蘭及鳥克蘭各地發生銫137的輻射雨（Radrain）現象。而車諾比電廠附近目前還是一片廢土，只有少數無家可歸的農民返回居住，但他們的健康卻無人可以保證。

　　台灣自三十年前發生的輻射屋事件，到目前為數一萬多名的受害者，還是要靠「自救」來伸張權益。居民這種精神上的二次傷害，又是一種新的折磨，他們必須要找證據，證明自己在輻射屋裡住了多少年才能得到補償。

　　政府雖提出極有限的賠償金，賠償受害最深有限的戶數，但仍有一千多戶居民，在「證據不足」的前提下，無法得到應有的賠償。

　　更大的傷害是，在輻射屋出生的新一代，當到了適婚年齡，他們又有新的隱憂，會不會有沉積在體內的輻射物

質再遺傳到下一代？

　　比如日本原爆受害者的下一代、車諾比核災的後代、福島災區的下一代，大家心裡明白將會受到歧視，卻無能為力對抗這一切。

　　像這類對環境造成的嚴重輻射污染和居民的輻射受害事件，全球各地不斷的發生著，為了減輕巨額的賠償，加害者都極力的隱瞞與抗拒受害者賠償的要求。又由於每個人對輻射造成的傷害敏感度不一，在制定輻射劑量標準的法規時，政府卻不考量這種因素，所以制定出來的標準，很難適應每一個人對於輻射的敏感性。

　　輻射傷害不像一般的車禍或工業傷害，有立即的症狀，它可能發生在五年或十年後，甚至隱性遺傳到下一代或若干代之後，這就是輻射傷害的可怕。

　　國內就有一個具體的實例，我國中研院的吳文成院士，在一次台灣醫學會年會的開場致詞中[22]，指出原能會為了輻射屋的問題，希望委託他做一項調查研究。

　　當一切都安排好後，發現研究團隊中，有一位由美國

哈佛大學醫學院學成歸國的張武修博士。張博士長年為輻射屋的受害者看診、醫療、陳情、請願。原能會就立即取消這項委託案,而將它轉給另一個願意配合的單位。

由以上的說明,可以知道輻射的傷害可分成二大類,一類是人造輻射對人體的傷害,一類是人為管理不當與商業利益而對人體造成的傷害。

這二種傷害應該是我們要努力去避免的。無論是由哪一種原因造的傷害,最有效的防範就是由源頭去防止。

所以輻射傷害已不只是保護健康的議題,也是法律、環保、邏輯、人性、公義、倫理以及保護後代子子孫孫的問題。

核廢料是什麼？

核廢料的種類

核能發電除了核能機組在運轉過程中，本身的危險性以外，核廢料也是目前無解而令人頭疼的問題。

除了現今核電的經營者無法解決外，未來不使用核電的後代可能也無法解決，而成為無辜的受害者。

核廢料分為低階核廢料與高階核廢料，都是屬於世紀之毒，因它們的毒害是以十萬年、百萬年為單位，甚至超過人類過去加未來的歷史。

核燃料從最開始的採礦開始，採礦後的精煉、濃縮、製成燃料棒、燃料在核子反應爐中燃燒、燃燒後退出反應爐、進入中期、最終貯存。

整個生命周期都會產生各式各樣的核廢料，同時又要使用大量的能源與資源。

而其中任何一個環節出狀況，很可能就會造成大災難，所以核電不能被認為是節能省碳的一種能源。

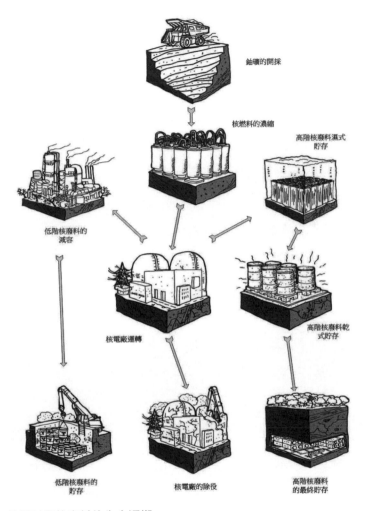

鈾礦的開採

核燃料的濃縮

高階核廢料濕式
貯存

低階核廢料的
減容

核電廠運轉

高階核廢料乾
式貯存

低階核廢料的
貯存

核電廠的除役

高階核廢料
的最終貯存

▲ 核燃料與核廢料的生命週期

低階核廢料

低階核廢料是指在核分裂過程中,間接產生的廢料,而不是使用過的核燃料。包括核電廠運轉中所有使用過的衣物、口罩、清潔物品,以及更換過的管線、設備、器材等等,這些物品多少會受到輻射汙染。

從核一廠到核三廠,這些低階核廢料起初準備運往蘭嶼附近的海溝丟棄,後來因為國際公約的禁止,廢料運到了蘭嶼就只好就地擱置。蘭嶼居民說,台電告訴他們要蓋魚罐頭工廠,可以增加居民的就業機會。雖然台電否認這項說法,但目前核廢料埋在蘭嶼卻是不爭的事實。

當時核廢料運到了藍嶼卻無法海拋,台電就在當地蓋了貯存場。一放就是幾十年,至今已存儲了十萬多桶。沒有承諾何時會遷移,似乎也沒有任何遷移的打算。

這十萬多桶的低階核廢料經過數十年的風化,鋼桶破損嚴重,要進行檢整的工程;也就是必須將破損鋼桶內的核廢料取出,裝在新桶內,重新油漆整補。在檢整的過

程中，曾被環保人士拍到一些相片，顯示出工程的品質問題。

　　後來蘭嶼的居民群起抗爭，除了在當地示威，也到台北示威，台電終於不再將核廢料運往蘭嶼。

　　但核電廠內的廢料繼續產生，只好擺在核電廠裡面。雖然核電廠內的貯存環境，恒溫恒濕，比起蘭嶼的貯存方式要好得多，但在廠內貯置多久，似乎也沒有定論；而核一廠還有數年就該除役，這些核廢料在電廠除役後，該何去何從？

　　而除役後的電廠，將拆除下來更多受輻射汙染的廢料，又要運往哪裡去？台電與政府卻都沒能有明確的答案。如果核四續建，未來也會遇到同樣的問題。

高階核廢料

　　高階核廢料指的是在核反應器爐心中，燃燒到無法再繼續有效產生核分裂反應，而被移離出爐心的核子燃

料。只要反應爐一開始運轉，這種高輻射的高階核廢料就開始產生。

高階核廢料含有超過一百種的各種輻射同位素，對環境與人體影響最嚴重的，包含碘131、銫137、鍶90、鈽239等等，這些核廢料的半衰期從8天到2萬多年都有。

核廢料的貯存法

目前全世界約有25萬噸以上高階核廢料，台灣的核電廠全部除役時，大約會產生7000公噸的高階核廢料，至今這些高階核廢料，世界各國大多只能用貯存或掩埋法，尚未能有很安全的處理法，這就是關心環境的人反對核電的一個重要理由。

濕式貯存

濕式貯存指的是將使用過的核燃料，暫時放在核電

核電廠	機別	燃料池容量（束）	現有量（束）	鈾總重（公噸）	燃料池剩餘容量（束）
核一	一	3,083	2,982	513	101
	二	3,083	2,856	491	227
核二	一	4,398	4,024	692	374
	二	4,398	4,068	700	330
核三	一	2,160	1,251	215	909
	二	2,160	1,274	219	886
總數		19,282	16,455	2,830	2,827

▲ 台灣核電廠現有使用過燃料束一覽表（資料統計至2013年5月）

廠內緊鄰反應爐旁邊的一座水池裡，讓高熱的燃料棒慢慢冷卻。在冷卻過程中，必須 24小時持續的以循環水冷卻。一般經過5年左右，這些已冷卻的燃料棒就應該移出反應器廠房，做最終處置的處理。

這些在反應爐建造前就應該妥善規劃與安排，如果濕式貯存池爆滿時，還不將冷卻的燃料移出來，反應爐就

得停機等待空位。更麻煩的是，如果反應爐出了問題，但必須將燃料完全移出，才能進行維修，就會對反應爐的安全產生很大的影響。

一般燃料池裡的燃料會比爐心裡的燃料多好幾倍。過擠的濕式貯存池，若稍有不慎，比如冷卻系統出問題、或池水沸騰產生高熱，就會發生氫爆。

台灣三座核電廠的濕式貯存池，至今的存放量都早已超過當初的設計值，有的甚至已經超過了一倍；但台電只以變更設計來增加貯存量，這是相當危險的作法。

目前核一廠存放了6,654束的使用過燃料，約有1,144公噸。核二廠存放高達9,340束，1,606公噸，一旦不幸發生核子事故，災害會比爐心熔毀還要可怕，因為燃料數量比原子爐的爐心多。

乾式貯存

乾式貯存是將燃料由反應器廠房內的濕式燃料貯存

▲ 核一廠乾式貯存場現場圖

▲ 核一廠乾式貯存場使用廢輪胎當防護坡

池移出，放到一個內殼是不銹鋼，外層以水泥密封的裝置。在水泥箱的上下緣，開一組通氣孔，以空氣對流的方式，將內部不銹鋼桶的高溫帶出。

這種乾式貯存箱，以核一廠為例，一個箱子要放入56束使用過的核燃料，而每束核燃料有91根核燃料棒，每個貯存箱大約是貯存七分之一個原子爐的核燃料。

台灣原能會在「用過核子燃料之乾式貯存設備」說明書內敘述用過核子燃料的管理，主要分成再處理（Reprocessing），直接處置（Direct disposal）與延後決定（The wait and see position）三種方式。而前二種方式，我國受國際公約的限制，是不可行的；第三種方式「延後決定」，但等待的期限目前尚未有答案；以芬蘭的規畫是十萬年。

台電原來曾以乾式暫時貯存為名，但因環保人士的質疑以及要「暫置」多久，就將暫字拿掉，改變成中期貯存設施。

貯存場的安全規範

　　世界各國已有啟用的貯存場址，但都位在人煙稀少的地區，或沙漠、或深山。比如，美國密西根州內陸的帕利賽德貯存場，在方圓十六公里內，人口僅為二萬八千人。而同樣的距離，台灣的人口超過百萬，而且離海岸不到一公里。

　　若設在一般地區，則已有完善屏蔽的室內，及嚴密控

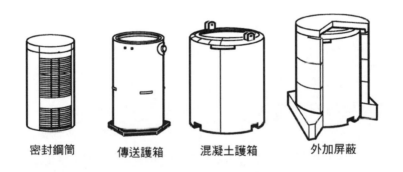

密封鋼筒　　　傳送護箱　　　混凝土護箱　　　外加屏蔽

▲ 核一廠使用過核燃料乾式貯存設計圖（一個圓筒內要放56束使用過的燃料，每束有91根核燃料）

制溫度與輻射塵外洩的設計，並且以圍阻體與外界環境阻隔。如日本的環境與台灣比較接近，所以他們是室內的方式貯存，像福島一號核電廠的乾式貯存場因位在室內，所以沒有受到波及。

但台灣卻設在人口稠密的核電廠場域內，只以水泥保護桶保護，以露天方式置放。

在炎夏，水泥的地表會熱到攝氏40～50度，而貯存箱的內部鋼桶溫度是攝氏200度以上，外部的水泥箱是攝氏80度，加上地表溫度，保護箱外表將超過水的沸點。如果刮風下雨，這個地方將是煙霧瀰漫如在雲端，無論是監視設備或人工目視，如陷入五里霧中，對安全的影響很大。

貯存場的安全測試

在啟用前，應先做一項模擬實驗，在一個環境類似的場地，做一個小型的模型，裡面放未來最高容量的水泥箱，以電氣設備將水泥箱加溫至可能的最高溫，如加溫至

攝氏300度。

　　同樣的，室外也要做溫度實驗，以電氣設備加減溫至可能的最高與最低溫；比如，加溫至攝氏50度，減溫至攝氏8度等。

　　啟用後在外以灑水模擬風雨，測試水氣沸騰與水蒸氣沸騰的狀況。還有地震平台測試，將模型置於地震平台上，至少做到921地震震央的程度，如此才能確保結構體安全。

　　在輻射外洩方面，除了以電腦程式模擬，在輻射測試的室內環境，先以一座貯存箱作嚴密的輻射值與距離、角度、位置、核種分析、輻射線時間累積量等實測與分析。

　　在內層鋼桶置入水泥護箱前，必須在實驗室內作一段時間以上的鋼桶熱漲冷縮的實驗，經過數千次或數萬次的加減溫度實驗，以確保鋼桶不會因縮漲而漏氣，或洩漏輻射物質。

　　類似的意外在國外經常的發生，政府經常要損失數十億美金來補救，而受到輻射塵傷害的民眾，卻無法以金

錢來補償。

在貯存場邊，為了防止土石下滑堵塞通氣孔，台電使用了廢輪胎當防土設施，輪胎是易燃物，在高溫環境使用這一種設計頗令人擔心。

啟用之前，應先找一處類似的環境，以同樣的設計，同型的廢輪胎做護堤，在同樣的距離以熱空氣來薰這些邊坡，測試廢輪胎與保護的灌木叢是否會受影響。再模擬颱風的風雨量來噴灑，測試土石是否會滑落堵塞進出氣孔。

根本之道是應比照自然環境與我們較接近的國家，如日本或歐洲，將乾式貯存場建於室內，以減少環境與貯存體間互相的影響與衝擊。

在台電委託的研究報告中，提及所使用的材料，經過40年或60年高輻射線照射後的化學變化與材質變化，這些問題要後續研究及技術加以克服[23]。

但原能會是否在這些問題未克服前就要發給運轉執照，是我們擔心的地方。

報告中也提及國外某些貯存設備已運轉了若干年，

但卻未提及所發生過的意外、爆炸與氣體洩漏事件，也未提及這些事件的損失程度與補救方案。

核一廠的乾式貯存場

核一廠即將執行乾式貯存場的「熱測試」，將使用過核燃料置入兩座乾式貯存箱內。若通過熱測試，在數個月後就準備將大量使用過核燃料置入乾式貯存箱，總共有30箱，1680束核廢料。

在幾個月之內要完成兩座乾式貯存箱的安全測試是困難的。

比如，要如何模擬內層的不銹鋼與外層的水泥，在經過40～50年的高溫與高輻射線的照射後，會變成什麼模樣；如果材料變質了，又要如何將核廢料取出檢整？

在檢整技術沒有發展完成前，目前台電與原能會的作法，會使後人無法處理，而這兩座露天的中期乾式貯存場可能會成為未來的最終棄置場。

使用過核燃料最終處置

　　使用過核燃料最終處置，就是將核電廠使用過的核燃料做最終結的處置。

　　在我們選擇一種能源時，也要同時考慮所作的選擇會對後人發生什麼樣的影響。在人類幾百萬年的進化中，不管是自然的演進或人類的創意發明，這些思維都是很重要的。

　　目前世界上400多座原子爐，每天都在產生核廢料，但有多少國家在蓋廠時，已經先想好核廢料要怎麼處理，答案是幾乎沒有。這些核電業者的想法都是先蓋再說，40年後，將燙手的問題交給後人來處理，國外如此，台灣也一樣。

　　台灣政府宣稱2016年會找到廠址，2055年會啟用。以芬蘭為例，他們正在施工中，工期要蓋二個世紀，也就是要在200年後才會完工封頂[18]；要將這些核廢料做永久的處置方式，這已關係到核廢料對後代子孫的倫理問題。

美國的猶卡山核能廢料最終處置場

美蘇是核電業的最早開發者，世界上第一部發電用的核反應器，是1954年由蘇俄所建的Obninsk APS核電廠，當時發電容量只有500萬瓦，大約是台灣核一廠一座機組的0.8%而已。

到了1957年，美國西屋公司利用核子潛艇的技術，在賓州的Shipping Port興建完成第一座商用壓水式反應器（PWR），容量是60百萬瓦，大約是核一廠一座機組的9%。

隨後西方國家就進入了商業化核能發電的一個新紀元，核電廠愈蓋愈大，愈蓋愈多，從幾十百萬瓦的規模，擴大到今日的一千多百萬瓦。比如，核四的二個機組加起來有2700百萬瓦。但從30年前的文獻，卻很難具體的看出，對核廢料是否也花同樣的心力與投資來處理。

從美國蓋第一座核電廠開始，過了20多年後，也就是到了1982年，美國才開始認真的進行核能廢料最終處置的

計畫。美國政府準備在內華達州人煙稀少的猶卡山建造一座核能廢料最終處置場。

　　猶卡山位於賭城拉斯維加西北方約140公里的地方，大約在洛杉磯東北方330公里的地方。美國政府認為猶卡山是沙漠區，無論在地理位置上，天然屏障上，都可以保護現在和未來民眾的健康和安全。

　　但在總共使用了數十年的規劃設計與建造，花費了約百億美元的經費，經過評估，未來還要再投入500億美元以上的經費。

　　到了2010的時候，竟然被撤銷執照。被撤照的理由非常值得參考，否則若我們貿然行事，花了幾千億最後不了了之，除了荷包失血，問題還是沒有解決。

　　猶卡山核能廢料最終處置場失敗的原因大致如下：

　　一、**政治障礙**，內華達州政界的反對，尤其是州長Kenny Guinn堅決反對。反對意見經州議會，轉能源部長建議布希總統；但布希總統卻違背競選諾言，堅持要繼續

進行。競選時他曾保證在完成徹底的科學研究之前，不會決定核廢料貯存場的地點。

內華達的州長表示，內華達州內並沒有核能發電廠，為什麼要將核廢料運至該州貯存。

這點與台灣的蘭嶼很相像，蘭嶼居民抗爭了三十年，低階核廢料貯存時間一再拖延，未來如何取信其他的地方民眾？而花蓮、台東、烏坵也都沒有核電廠，為什麼要將核廢料運送到這些地方貯存呢？

二、**技術障礙**，如何將分散於全美各地暫存的核廢料，安全的運到猶卡山做永久貯存是個大問題。每座乾式貯存箱都有一百多公噸重，要將體積龐大且重量超重的核廢料，用卡車或火車載運至數千英哩外的猶卡山，是非常危險的事。貯存核廢料的內部不銹鋼桶有攝氏200度的高溫，混凝土外的溫度有攝氏80度，如何保證運送過程中核廢料不外洩，也是一大問題。

雖然內華達州的沙漠外觀看起來乾燥，但地下岩層有地下水，地質相當複雜。水滴經過長時間的滲透，還是會

使放射物質外洩。因為高階放射性核廢料，即使經過10萬年、20萬年後還是很危險。

　　美國政府考慮到幾萬年後輻射物質將會滲透至猶卡山深處，污染地下水而危及居民健康，美國核能廢料最終處置場法規，已將安全要求由10萬年改為100萬年，就是考慮到滄海桑田的地殼變化。

　　再回頭看台灣，我們的核廢料每箱重達228公噸，有能夠承受這麼重的長程車輛嗎？如果運送到花東，沿途道路是否能承載這超寬超長超重的車輛？如果蘇花公路被百噸重的車輛壓垮，整台車掉落山谷或太平洋，災害是不可收拾的。如果送到烏坵，除了本島的陸運，還需加上海運和上岸後的陸運，到底要如何處理？

　　核一廠曾發生過運送低階核廢料的卡車墜入乾華溪，也發生過運送低階核廢料的船在金山外海撞船，而核廢料落海事件。那些低階核廢料只是裝在每桶55加崙的汽油桶，每桶重量約百來公斤，比起重量200多公噸，溫度近沸點的高階核廢料，是完全不同的。

烏坵的環境潮濕，礁岩多孔的地質，經年累月的水滴流動有如毛細管一樣，雨水將會使放射性物質滲入地下岩石流向大海。如果將核廢料放在烏坵，遲早會使貯置場以及附近、甚至更遠的海域遭到汙染。

　　美國努力了數十年，花了近百億美金，最後一場空，正重新尋找能貯存一百萬年的地點與方法。台灣地底是新生的地層，同時位於地震帶，無論是蓋核電廠或是儲存核廢料，都沒有優越的環境。政府更應認真嚴肅的來面對這些問題，要思考到一萬年、十萬年後這些貯存場會變得怎麼樣。尤其在既有核廢料還沒想出辦法前，至少不要再繼續產生更多的核廢料。

芬蘭的安克羅深層核廢料儲存廠

　　芬蘭目前有二座核能電廠，共有四座核子反應爐，發電量約比台灣少了一半。芬蘭還有一座正在興建中的核電廠，預計在2015啟用，發電量大約是核四的一半。芬蘭土

地面積約為台灣的十倍，人口密度卻只有台灣的三十分之一。所以以土地與人口相乘比例，芬蘭核能發電量是台灣的三百分之一。

芬蘭核能電廠的運轉記錄，在全球來說算是模範生，核電約提供芬蘭三成的電力。因為他們對核電的管理謹慎小心，百姓對核能相對就比較信任與友善，根據近年的民意調查，芬蘭大約有七成的民眾支持核能。

這點要讓我們的核電官員反省，但為何台灣近七成民

▲ 芬蘭安克羅高階核廢料的地底掩埋場設計

眾反對核電?因為曾發生的貪污、彈劾、糾正、罰款、移送司法的比例很高,使民眾失去了信心,也造成對核電的安全沒有把握。

芬蘭的國會在1994年通過了一項重要的法案「芬蘭核能法修正案」。法案中規定,凡是由芬蘭本土生產的所有核廢料,只能儲存在芬蘭境內。在此之前芬蘭將核廢料運送到俄國儲存,後來世界各國都紛紛拒絕外來的核廢料,所以芬蘭就通過了這項法案。

台電早年也計畫將核廢料送到其他國家,比如中國大陸,但這幾年來中國已逐漸強盛起來,加上中國自己也有核廢料的問題,根本不可能出讓土地給別國儲存核廢料。

芬蘭每年大約會產生75噸的核廢料,大約是台灣的一半。芬蘭規範核廢料必須儲存在地底60到110公尺深的岩床,自施工開始到掩埋完成後還必須將它們封死,這將是200年後的事。

芬蘭在2000年時,選定了西海岸距離Olkiouoto核電廠約5公里的地方,建造全球第一座深層核廢料儲存的設

施，稱為「安克羅（Onkalo）」。

　　「安克羅」是芬蘭語，意思是指一個隱密的空穴的意思。從2004年開始建造，預計2020年可以開始貯存。但跨二個世紀才會全部完成，然後封死。安克羅的建造預計耗資約8.2億歐元（320億新台幣），但若計算土地、未來一百多年建造費用的通貨膨脹，以及核電廠將核廢料裝箱、運輸、鋪路、管理等，費用必然會再增加許多。

　　芬蘭的岩床有18億年歷史，安克羅深入地底520公尺，共有12個銅製的儲存槽，可以容納9000噸的核廢料。以芬蘭每年生產75噸核廢料估計，安克羅可儲存芬蘭100年所產出的所有核廢料。當安克羅放滿核廢料之後，整座設施將封死，不與外界接觸。

　　芬蘭的規劃目標是，要將核廢料存放在安克羅 10 萬年。由人類歷史來看，迄今沒有任何人工建築超過1萬年，安克羅可能會是人類文明中最不朽的建設。依據科學家的估計，下一個冰河時期可能會在 6 萬年後來臨，到時候可能一切生命都會消失，萬物凍結、動植物死亡、地表回到凍

原狀態。無人能夠知道冰河時期後，這些核廢料是不是還安穩的靜躺在原地，而不會隨着冰河流失。

目前全世界的核廢料約有30萬噸，安克羅雖然容納了芬蘭9000噸的核廢料，卻只佔其中一小部分而已，必須再建造更多的安克羅才夠解決問題。

而台灣三座核電廠所產生的核廢料還無解之前，是否應建第四座核能電廠？很值得我們深思。

核你到永遠

丹麥導演麥克・麥迪遜（Michael Madsen），以芬蘭的安克羅為主題，拍了一部影片，討論核廢料究竟該如何處置。這部影片在2010年得到美國翠貝卡影展競賽紀錄片獎，和瑞士真實影展國際競賽首獎；同年也參加了台灣國際紀錄片雙年展。這部紀錄片用寓言的方式來談核廢料，引領我們從不同的角度去思考問題。

影片一開始的旁白：「我們費盡心思，就是為了確保能

保護你（人類）。」

　　這部影片說明了安克羅的地理位置、地質條件狀態與附近人口分布的情形，也詳細交代負責建造的單位與負責監督的單位，權責分明，各司其責。影片中討論的幾個方向，在我們思考核廢料問題的時候，特別值得參考。

　　如影片中所說，它的建造可能會是人類文明最不朽的建築工程，到底將核廢料存放在地底深層的岩床，是不是有效處理核廢料的方法？還有什麼可能的問題？前面說過，滄海桑田，喜馬拉雅山原是海洋，在山上還發現貝殼。所有可能發生的問題都將留給後代，這到底是科技問題，還是倫理問題？

　　影片中提到，「我們所生活的這個時代，是史上最依賴電力的，電力是我們主要的資產。」電力這個能源形式，未來最可能被改變的形式就是風力、太陽能、地熱、頁岩氣、天然氣、生質能等等。有些國家早已享受這些綠能所帶來的幸福，我們不應排斥它們。

　　影片中也說到，如果中國和印度在未來 20 年內，要

達到今天西方排放二氧化碳的水平，每天必須建造 3 個核反應爐，所少排出來的二氧化碳量才能達成這種目標。即使使用核能，它對環境所造成的危害，遠超過排放二氧化碳，所以核電對減碳並沒有實質的幫助，世界的碳權組織也沒有將核電考慮在碳權交易內。

無論安克羅將來會成功還是失敗，或發生什麼事，至少芬蘭的核電單位已認真在為核廢料做點事，也算是一個好的起頭。希望我們在利害關係與經濟利益的前提下，也能真正的用心作一些事。

核燃料再處理的迷思

當鈾原料在原子反應爐裡被使用後，會產生鈽239；這時就可將鈽與其他廢料，與還沒被用完的鈾235分離開來；這就是一般所說的核廢料「再處理」。

自從人類發現鈾礦，就好像發現能源的新大陸，認為這是取之不盡用之不竭的新能源。科學家對此感到非常興

奮，認為這是能夠用來拯救人類的一個大發現。

二戰結束後，核電產業認為核能是一種「不會耗竭」的能源。

在1954年間，美國原子能委員會的主席路易士·史特勞斯（Lewis Strauss）說過一句經典名言：「終有一天核電會變得太便宜，而不值得去計量它的成本。」

可是到了今天，核電已是世界上非常昂貴而且代價很高的電。它所產生的核廢料，至今沒有具體的解決方案。

近幾年來，由於法國對核廢料的處理，讓核電業者大讚法國對使用後核燃料再處理的成就，包括使用萃取的鈽做為核燃料，紛紛拿它來當做應努力推動核電的理由。

比如，美國核能管理委員會的主席比爾·美格伍德（Bill Magwood）曾說：「儘管我們向法國尋求解決方法，也許不會得到人民的認同，但法國還是尋求處理核廢料方法的首選之地。法國人並不認為核廢料是廢棄物。等冷卻三年之後，96%或97%的核廢料是潛在可再利用的鈾或鈽；只有3%到4%是真正沒有用的廢料，法國可以再處理那

剩下的鈾和鈽成為可使用的能源。」

　　大家都清楚的知道，這種作法將會造成核武擴散的問題，但是都迴避了這項問題，只關心新的科技可以克服這個問題。

　　某些國家認為用「高速中子增殖反應爐」可以找到新的方法，如美國、英國、法國和德國等，以分解廢料使之成為穩定、不具輻射力的物質，但是如今計畫都已停止。這些還在構想中或還在實驗室研發中的技術，已經成為核廢料處理的寄託，也就是使用後核燃料是能源寶藏。而日本設於福井縣敦賀市的快速滋生反應爐「文殊」於1995年發生液態鈉洩漏事故後也停止運作。

核廢料再處理會產生更多的核廢料

　　核廢料再處理的觀念，是因為這些再處理設施的推銷者，努力宣傳下面的論調；使用鈉來冷卻的中子增殖反應爐，可以用很合理的成本發展出來；核廢料再處理所導

致的核武擴散問題是可以被克服的;中子增殖反應爐與再處理的成本並不會很貴。

事實上,這些宣傳至目前為止沒有一項在技術上或商轉上能夠成立。比如,中子增殖反應爐與再處理,全球已經花費超過2000億美元的費用,但都還無法商轉化,也無法預測未來何時能商轉化。

目前雖然法國在使用後核燃料的再處理方式上,已有商轉化的規模,但還是沒有解決被再處理過後核廢料的問題。當他們提煉出可被再利用的鈽239以及未用完的鈾235後,剩餘的核廢料數量,卻遠多於原來的量。大約是未經過再處理前的數倍之多,而且這些廢料的特性更讓科學家們感到陌生。

如果低階核廢料經過再處理,則數量會增加更多倍。這些都是美國能源部門的估計數據,所以無論是高階或低階核廢料,美國主張不要做任何再處理,直接做深地層掩埋是最乾脆且合理的方式。

其實,使用後核燃料的再處理,相較於使用新鈾燃料

的政策，成本是不合算的。比如，法國使用再處理的鈽所花的錢，比買新的鈾燃料要貴很多倍；而要貯存再處理後所產生的液態高階核廢料，可能造成的輻射外洩，又是一項很的大風險。

　　挪威的輻射防護機構曾經預估，如果英國的雪拉費德液態高階核廢料貯存廠發生意外，所釋放出的銫137污染量，可能是車諾比核災的五十倍。

　　法國是目前全世界使用核電最多的國家，所以需要一個全世界最大的核廢料貯存場。但法國全民反對的聲浪，一直非常強烈。法國人與全世界有核電的國家一樣，沒有人喜歡將核廢料放在自家的後院。

　　核燃料即使經過再處理或是再濃縮，目前世界上的商用反應爐，大部分是以一般的輕水當中子的緩衝劑，這種輕水式的核子反應爐，大約只能使用1%～2%的鈾235資源，幾乎大部分的鈾燃料最後都變成含有高輻射量的核廢料。所以有人主張使用過的核燃料是寶的論點，在輕水式核反應爐系統的技術限制下是不成立的，包含台灣與法國

在內的核反應爐系統都是一樣。

　　基本上，使用這種新科技，就要使用鈉冷卻的高速中子增殖反應爐，但這種技術目前在世界各國都還在實驗階段，實用經驗非常少。

　　法國的Superphénix和日本福井縣敦賀市的文殊反應爐（Monju），是目前最大型的兩個實驗高速中子增殖反應爐，但都是失敗的例子，而且至今仍然無法商轉化。日本估計使用這種反應爐，最快的商轉化時間是在2050年，但自從日本發生311核災後，這些計畫大概都停了大半。

　　台灣在向美國購買核電廠之前，就已簽屬核子非擴散條約（NPT-Nonproliferation Treaty），如果台灣嘗試要再利用過核燃料上打任何主意，我們的核電廠就會面臨被斷料的困境。在1988就曾經因為嘗試要再利用核燃料而違規，IAEA給了二個選擇，一是停止供應我國核電廠的核燃料，一是將核燃料再處理實驗室封閉，結果我們選擇了後者。

　　世上任何一種核廢料再處理的方式，最後還是要以深

層地質來掩埋，因為再處理只是取出少量可再使用的元素，完成後會產生更多的核廢料。

美國能源部秘書長史蒂芬‧朱（Steven Chu）就美國核能的未來提出了以下的建議：「所有核反應爐所製造的使用後核燃料，應該全部直接埋入深層地質裡，不做任何再處理。發展設立科學上合理的途徑，來管理與安置使用後核燃料。在最終掩埋之前的過渡期，必須妥善安全貯存這些核廢料，在貯存池中必須要低密度儲存，移到乾式儲箱貯存時，則必須要固化處理。」

比較起來，目前我們幾乎無法參考這些建議，因為我們目前沒有科學上合理的適當途徑，來面對使用過核燃料。我們的學者與官員忽視國際公約的約束，我們是不被允許去處理這些核廢料的事實。我們宣揚核廢料是可以再處理，90%以上都可以被再利用，所以核廢料是寶。台電目前只能將這些核廢料，放置在核電廠的現址，在找到最終掩埋場之前的過渡期，完全沒有妥善安全的貯存方式，在貯存池中的密度是當初設計的二倍以上。要移到乾式貯桶

貯存時，也沒有固化處置，而是直接將燃料束置入貯存桶內，完全沒有考慮40～50年後，要如何將它們取出並做固化燒結處理。

　　總之對使用過核燃料的再處理與再利用，至少在最近三、四十年是不可能的事。

4

台灣核電該
何去何從？

從福島核災看台灣核電問題

　　要了解核災發生的原因，最具體而有效的方法，就是了解與檢討世界各國曾經發生過的核災案例，比如美國的三哩島、前蘇聯的車諾比、日本福島的核災，都是最沉重的教材。

　　日本福島核災發生的原因，目前較具公信力的報告是，日本國會福島核事故獨立調查委員會的官方報告[24]（The National Diet of Japan Fukushima Nuclear Accident Independent Investigation Commission，簡稱NAIIC）。這份報告是為了日本立法機構和行政機關在與核電有關的問題上，能夠更加強它們的監督力量。希望經由這份報告，讓日本和其他各國的人都能了解這個事件，不要再發生類似的災害。

　　調查委員會主席黑川清（Kiyoshi Kurokawa）在報告的開場白就指出，2011年3月11日在福島外海發生的地震和海嘯是自然災難，引發的核電事故不能算是天然災難，而

是人為災難。這個災難應該是可以預見，而且是可以被阻止的。

這份報告詳細描述存在於東電、監管機構和政府之間對事故反應的嚴重缺陷。報告強調，雖然報告中無法充分表達所有的問題，但必須非常痛苦的承認，這是一場「日本製造」的災難。

這份報告，包括超過九百小時的聽證會，訪問了一千多人，考察了九個核電廠，包括已毀壞的福島核電廠、日本東北電力公司的女川核電廠、原子能發電公司的東海核電廠等等。為了保證能將信息披露到最大程度，所有委員會的會議都盡量開放給大眾，媒體或網路都以日文和英文來發布訊息。

可是委員會對日本未來應繼續推廣或廢掉核電方面，並沒有做出任何意見，也沒有對已損毀的反應爐，目前所存在的危險性與輻射線的危害程度，做出調查與處置。這項調查只是從核災損害的賠償問題，與如何除汙染的問題來著眼。

以下的敘述能讓讀者了解，日本核災是怎麼發生的，以及核災發生時是如何一步一步進入萬劫不復的狀況。我們也要省思，若同樣的事情發生在台灣，是不是也會步入同樣的情境？

　　在地震與海嘯之後，核電廠原先規劃的「斷然處置措施」幾乎完全無法進行，工作人員因間歇性的餘震與海嘯引發的淹水，救援動作一籌莫展。

　　電力的中斷使得冷卻系統失效，反應爐無法冷卻下來，雖然爐心的核反應已停止，但燃料棒的衰變熱無法散去；這一系列連鎖性的嚴重事故，使得大量高放射性物質排放到廠外的環境中。

　　調查中有一個重要結論，東電在第一時間否認地震有造成任何損害，而將一切責任推給海嘯。這是因為在廠內地震儀測到的地震強度，有些尚未達到「法定」的上限值。而海嘯卻越過了海嘯牆的高度，這高度就代表了防禦海嘯的「法定值」。

　　東電就以此有利的條件，用最快的速度發表聲明，海

嘯是事故的主要原因，並且指出地震並沒有造成損失。所以東電被認為以惡劣的手段來逃避責任，而核電官員們也引述東電的說法，向日本國人強調地震並沒有造成核電廠的損失，都是海嘯引發核災。

從日本的報告重點，讓我們來對照台灣的情形；台灣處在地震帶上，而台電有意忽略這件事，監管的原能會在立法院宣稱，我們的核電廠像觀音坐在岩盤上，是很安全的。當有學者提醒，台灣早年曾遭受巨大海嘯侵襲時，台電找了接受台電補助的學者，來證明在台灣北部的海底活火山只是「溫泉」而已[11]。

核一到核四廠的抗震係數分別是，福島發生核災原子爐的二分之一到三分之二，台電不願對這點提出改善方案，而只有一個說辭：「這是國家核定的。」也就是說未來不管發生什麼樣的災難，只要地震強度高出國家核定的規模，台電就沒有任何責任。這與日本的作法如出一轍。同樣的，監管的原能會也說是行政院核定的，所以也沒有責任。

如果台灣發生核災

　　如果台灣發生核災，後果不堪設想。以車諾比核災為例，經過了27年，至今80公里的範圍內幾乎變成一個死城。這個災難至今總大約損失了兩千億美元（六兆新台幣），是台灣好幾年的國家總預算，也是人類歷史上為最昂貴的災難事件之一。

　　台灣80公里範圍內的人口近千萬，比烏克蘭撤離的人口多了30倍，在人口這麼密集的都會區，資產的損失會比起烏克蘭要大了數千倍、數萬倍；如果真的發生類似的核災，北台灣將成廢土。

　　再看福島的撤離區是20公里，日本的土地因核災事件喪失了3%，按1：10的比例，是台灣的30%，無論核一、二或核四出事，北台灣就毀於一旦。一千萬人口要往中南部撤，在土地與人口達到飽和的中南部，要如何收留這麼多人？要收留多少年？我們的未來難道要成為核災後流浪的吉普賽人嗎？為了在20%多的備用容量率外，再加上多餘6%的

電力，這種風險是沒有必要的。

斷然處置措施

　　面對民間與各界專業人士對核安的種種質疑，無論是馬總統、經濟部長、台電、原能會等等官方代表，都不約而同的提出了「斷然處置措施」的說帖。

　　「斷然處置措施」就是在核電廠出事時，為了不讓爐心熔毀，將預先儲存在附近山頂上生水池的水，或由消防車灌水，或是由附近海洋裡抽取的海水，灌入原子爐裡面，讓原子爐冷卻下來，而不造成核災。

　　台電在新聞稿說：「斷然處置一小時內布局完成，至於啟動斷然處置措施的先決條件，包括喪失反應爐補水能力，無法維持反應爐中核燃料覆蓋水位，或喪失所有交流電源及廠區全黑，或強震與海嘯警報發布等，達成上述任一條件即可。若發生以上任一狀況，會在一小時內布局完成，啟動斷然處置措施第一階段所需相關應變工具，並

通知決策人員決定是否執行;並視情況決定是否執行第二、三階段。」

　　但這項措施在實務上尚未被證明有效。至少在世上已發生災難的6座反應爐,沒有一座因這種措施而獲救。日本福島的原子爐與我們的核一、核二與核四都屬同一類型的沸水式原子爐,但都無法執行。

核四廠的生水池問題

　　台電比日本多蓋了一座生水池,但問題不在於水源,而是水灌不進高壓的爐心裡面。就像壓力鍋裡面的水快燒乾了,必須將火關掉,先將壓力釋放之後,才能將蓋子打開並倒入冷水。但是一座原子爐的熱源不在外部,而是在爐心裡面,是無法馬上將火關掉的。

　　當原子爐發生狀況時,控制系統會立即將控制棒插入而停機,但燃料棒還是處在高溫的狀態,若沒有冷卻水持續的冷卻,它就會熔毀。燃料棒超溫時,外面的鋯合金護

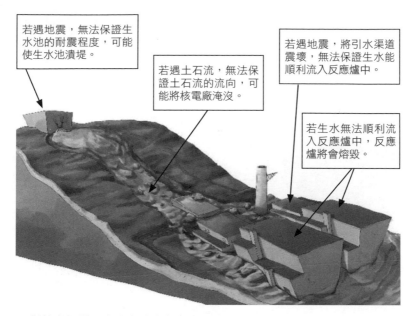

若遇地震，無法保證生水池的耐震程度，可能使生水池潰堤。

若遇土石流，無法保證土石流的流向，可能將核電廠淹沒。

若遇地震，將引水渠道震壞，無法保證生水能順利流入反應爐中。

若生水無法順利流入反應爐中，反應爐將會熔毀。

▲ 斷然處置措施中生水池應考慮的問題

套會與水蒸氣發生化學作用，產生大量的氫氣，氫氣的濃度到了某個程度，就會發生氫爆。這就是福島核災的主要原因。

　　福島三號機發生氫爆後，因與四號機共用一個排氫氣

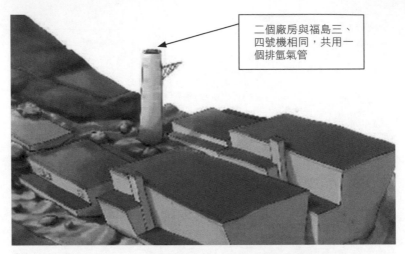

二個廠房與福島三、四號機相同,共用一個排氫氣管

▲ 二個廠房與福島三、四號機相同,共用一個排氫氣管是否安全?

管,因此又引起四號機的用過核燃料池發生氫爆,而我們的核電廠也都採用同樣的設計,安全也值得關注。

官方的報告,斷然處置措施的精神與口訣是「DIVING」,D(De-pressurize)的意思是緊急洩壓,I(Inject)的意義是注水,V(Vent)是圍阻體排氣,ING表示同時進行。因潛

水艇遇緊急攻擊時，常以「DIVING」為緊急潛水避難的口號，這與斷然處置的緊急狀況處置雷同。

二十年前的一份研究報告[25]，清楚指出斷然處置的各種利弊得失，也敘述「先洩壓再低壓注水」的兩階段式斷然處置。在爐心釋壓後可以低壓注水，但洩壓必須在一定的時內完成。

日本人在福島事件之前就已經有斷然處置的程序，也做過理論分析與實驗。但事實證明，斷然處置措施在福島的核電廠意外中，並沒有發揮功效。

清華大學的彭明輝教授，在一項2013非核台灣論壇的會議上[12]，發表了一篇有關「斷然處置不當提前引發氫氣爆」的論文，重點是討論為何斷然處置救不了福島。

他分析福島核災，斷然處置措施無效的原因是，這項措施必須滿足下面五個條件，一、高壓注水系統RCIC可以持續運轉至少一個小時。二、冷卻水管路沒有洩漏。三、DC供電正常。四、儀器顯示正常。五、相關的電磁閥都沒有壞。

很不幸的是，上面的條件對日本福島而言，一項都沒有成立，所以災難就發生了。這些條件與是不是有一座生水池，一點關係都沒有。

　　核四廠比日本多蓋了一座4.8萬噸的生水池，但台電有沒有用模型蓋一個小比例的實驗平台，將平台放在地震產生設備上，以不同的震度搖一搖，測試裡面的水會不會被搖出來？池壁會不會破裂？一旦幾萬噸的水洩出來後，土石流會不會將核電廠淹沒？

　　台電表示如果發生這種情形，它的水會流向另一側的溪流中，但卻沒有實驗依據可以說服大眾。

　　除了硬體建設上的危險因素，核電廠員工心理的壓力也是一個問題。

　　在斷然處置措施的作業流程上，發生危機時，若董事長聯繫不上，就由總經理做決策；若總經理聯繫不上，就由副總經理做決策；一路往下授權。當授權到值班者時，一個基層員工如何承擔一座數千億元核子反應爐的存廢？

　　我在學生時代作論文時，曾在核反應爐的控制室裡

見習過。當值班人員要做任何控制的動作時，控制台面板上的燈號幾乎是同時亮起，警報聲彼起此落，值班人員要不停控制所有的按鍵。如果災難真的發生，在剎那間，要一個基層的值班者毀了整座原子爐，真有想像中的容易嗎？

事實上，這些問題至今為止，全世界還沒有一個核電廠有解，也沒有一家保險公司願承保核災險。因為一旦發生核災，除了國家之外，沒有一個民營企業有能力處理。

核災的逃命圈範圍

政府在福島事件後，修改了廠外民眾緊急應變計畫，將核災逃命圈由5公里擴展到8公里。

核二廠的廠外緊急應變規劃書中寫道，要金山石門地區約兩萬居民前往只能容納一百多名師生的國中，而且不知道要收容多久的時間。核子事故的放射性物質銫137的半衰期是30年，銫137輻射線在30年後才會變成原來的一

半，那麼這兩萬居民要在這所學校住多少年？居民的衣食住行又該如何處理？核災發生時，核電廠外唯一的道路會不會塞爆？會不會因地震或海嘯而損毀或被海嘯淹沒，居民要往哪裡跑？收容所之一的石門國中離海岸只有數百公尺，可能先被海嘯淹沒，這時該怎麼辦？在計畫中，有些收容所位在8公里的逃命圈內，又該如何是好？這些問題，核電公司在規劃書中卻隻字未提。

以日本福島為例，他們也有緊急應變計畫，但花了數億日元的計畫，幾乎一籌莫展。相信311的新聞畫面大家記憶猶新，當災難發生時，一時山崩地裂、洪水衝入、道路中斷、處處火災、停水停電，核電廠附近幾乎像個煉獄，當時誰有機會能將電腦打開，按部就班的照表操課？當時災民連向何處跑都不知所措，除了鄉民們自力救濟，互相協助外，日本政府在第一時間到底能做什麼？有些災民被引導到收容所，後來發現當地輻射超標後，又要居民換地方；有些居民換了三次收容所才安頓下來。

我們的地震專家、地質學家、考古學家、大氣專家等

鄉	村	集結地	收容站
萬里鄉	野柳村	野柳村活動中心	隆聖國小
	龜吼村	仁愛之家	
		翡翠灣俱樂部	
	北基村	中華商業海事學校	
	中幅村	萬里國小	
	萬里村		
	崁腳村	崁腳國小	
	雙興村	大坪國小	
	大鵬村	大鵬國小	石門國中
	礦潭村	礦潭村老人休閒活動中心	
	雙興村9鄰		

▲ 隆聖國小災民收容站在8公里逃命圈之內

等,透過各種的伸張管道,不停的提醒核電官員,要注意天災與天災可能引起的核災,但核電官員們,除了以極度的防禦心態答辯外,似乎看不出有積極的改善作為。

核電的時代任務與為什麼要廢核

　　早年台灣經濟發展迅速,急需充沛的電力來因應這種需求,核一到核三就是在這種前提下密集的興建。當時被列入十大建設之一,台灣邁入亞洲四小龍的行列,有其歷史上功勞。核能電廠佔當時的發電比例高達30%以上。

　　不過電力專家陳謀星卻認為核一、核二、核三電廠對台灣的經濟並沒有貢獻,反而是項錯誤的決定;因為興建這三座核電廠,使得長期以來國家綠能一直無法發展。而台電將所有的資源都用在核電上,也阻擾了綠能的發展。

　　近年台灣產業逐漸外移,人口成長數也趨緩,產業能源的效益提高,電力的需求已不如以往那麼大,而核能發電廠一般使用年限大約是40年左右,核一廠距離除役約

剩下5、6年，在世界各國發生了這麼多次的核災之後，此時我們應該好好的思考與檢視，使用核電的風險與其後遺症，跟國家經濟發展之間的平衡性。

比如，在地小人稠的台灣，是否能經得起類似日本福島核災的事故、核廢料要如何處理等等，這些問題應該是基於理性的認真思維，而不是一批人反核，一批人擁核的爭吵不休。

當人類遭受核子武器攻擊時，除了被震波震死外，最大的危害就是，受到伽馬射線高能量的照射而瞬間死亡，以及後續輻射塵的傷害。

所以我們對於這些核子設施以及所有核廢料，或使用過的核燃料所產生的輻射線，都要非常的謹慎，不能掉以輕心。

比如，輻射屋事件，一個小小的鈷60就可以使一千多戶、上萬個居民受到幾十年甚至數百年的輻射傷害；而一座核電廠的核廢料是以噸為單位，但這些核廢料或是使用過核燃料該如何處理，是目前核能產業裡最想迴避，也幾

乎無解的問題。

　　世界上已有些國家正在解決問題之中,如瑞典與芬蘭等等。芬蘭是在核電廠附近在向下挖了500公尺深的地道來埋藏核廢料,而且估計要施工200年才會將它封起來。

　　台灣目前沒有這種技術與人才,核電業者都採取「蓋了再說」,加上台灣的天然環境條件也無法相比,比如,核一、核二、核三、核四都是蓋在海邊,只要稍向下挖,海水就會湧入。而目前三座核電廠上萬束的高階核廢料,在原子爐廠房的水池中已擠不下,而台電只告訴國人說正在努力選址中,但卻看不到任何具體的方法或行動。

　　在這些問題與爭議都未能得到明確的答案之前,核四廠是否該繼續建造,實在值得大家深思。

附錄

附錄一
日本福島紀行

　　作者有機會於2013年6月間，隨宜蘭縣福島複合性災害應變機制考察團，實地訪問日本福島核災區，並與日本相關參眾議員、災區代表等人座談。由數場座談會以及現場觀察所得到唯一的結論，就是「沉痛」二個字。

　　這次能夠順利的訪問到一些人與事，無論與官方代表或民間人士，要感謝僑居日本的陳弘美女士，也是知名留日作家，《日本311默示 瓦礫堆裡最寶貝的紀念》的作者 [26] ，由於她細心與用心的安排，讓我們能與他們會面，也能深入災區了解實情。

　　在各個會談中，他們的開場白，都不約而同的感謝台灣民間對日本災民的捐助，包含慈濟、扶輪社以及其他民間社團。而台灣的捐助是世界上最高也是最有效率的。

雙葉町的故事

　　訪問團第一場研討活動所會面的是311災難現場，福島雙葉町的前町長井戶川客隆（Idogawa Katsutaka）先生。井戶川先生在核災前曾積極擁核，他在災前不久才送了一份報告給日本政府與東京電力，請求在他的轄區增設兩座核電機組，但過不久福島第一核電廠的一、二、三、四號機就都出事了。

　　在天災的第二天，當政府下令10公里內的居民要緊急避難時，他正在離核電廠約3.5公里的地方，幫助白天受託養的老人上車，準備開往避難區。當時核電廠剎那間爆炸，大量的輻射物質，包含廠房的爆裂碎片，如下雨般的掉落在他以及現場約100多位民眾身上，這些人所受到的輻射量無法估計。

　　當時現場混亂，對逃難的方向也沒有明確具體的指示，七千多位町民被誤引往鄰近的川候町。但後來才知道，川候町的輻射值非常高。直到今天，川候町大部分地區還

是屬於禁止進入的管制區。

當時福島的縣長，由SPEEDI（System for Prediction of Environment Emergency Dose Information）的訊息已知道這件事，但是沒告訴民眾。後來這些民眾被遷移了三次，最後才被安置在琦玉縣的高校內，一直到今天。

後來井戶川客隆就辭去了町長的職務。他告訴我們說，雙葉町和大熊町是福島縣內僅僅有「核災演習」和所屬學校有「核災逃難標準流程」的兩個町。但災難發生時，剎時天崩地裂，又淹水又失火，通訊也都中斷，一切混亂到了極點，這些紙上談兵毫無作用，他希望我們台灣的人民都要知道這件事。

當他知道，台灣的政府只將核電廠的逃命圈範圍，由5公里延伸到8公里，他大聲喊：「難道台灣不知道輻射擴散的情形？還將收容所設在逃命圈內。」他不相信一個國家的政府，會不知道這種常識。「若發生了核災，人民就輸了，加害人永遠是贏家。」

這次核子事故，使雙葉町7000多位町民全部逃離故

鄉，目前他正盡全力為災民向政府和東電求償。瑞士的一位專家在訪問災區後曾告訴他們，如果要回到他們世代居住的家鄉，至少還要等五百年的時光。

他說：「失去故鄉是很痛苦的，希望世界上的人不要再遭遇到這種悲劇。」

「當核災剛發生時，最先逃離的不是町民，而是東電和政府的人，因為他們知道的消息比我們多，比我們快。興建核電廠，真正受益的只有低於百分之一的利益集團，只要發生核災，全體國民都是輸家。有一天我會來台灣，告訴台灣的朋友，看看我，看看我們町民的處境。」

最安全的核電廠，就是沒有核電廠

在與雙葉町前町長會面後，緊接著是與日本參議院的議員直嶋正行、加藤修一、阿部知子以及前首相菅直人會面。他們與我們面對面的座談，直接而誠懇。菅直人告訴我們，當發生核災時，他所得到的訊息是有限且不明的，

他就直接到災區去見核電廠的主管,聽取現場狀況,立即要求現場作斷然處置。

他說當時核災的發生有兩個主要原因,第一是因為強大的地震與海嘯,引起福島第一核電廠的斷電造成全黑。但事實上另外還有一個原因,是在這種巨大的海嘯與斷電之下,日本政府對這種狀況所應有的設備,以及通訊的架構並沒有準備好。結論就是,這是一個「人為造成的災難」。天災與人禍就是造成這次核災的兩個主要原因。

3月11日的晚上,就在大地震過後的8小時,核電廠第一號機組開始熔毀,熔化的核燃料流入了反應爐圍阻體的底部,第二天就發生了氫爆。一、二與三號反應爐都發生了氫爆,也熔毀了,而第四號機也發生了氫爆。

福島一號核電廠總共有 6 座核子反應爐,7 座使用後核燃料貯存池,存放著使用後的核燃料棒。福島二號核電廠位在一號核電廠約12公里的地方,有 4 座核子反應爐與4座使用後核燃料貯存池。幸好福島二號核電廠沒出事。

地震發生時,第一核電廠的反應爐與使用後燃料貯存

池都失控了。在 3 月 15 日早晨 3 點鐘的時候,經濟產業省通知東電,將核電廠的工作人員撤離。但這樣做將會這些核子反應爐將完全失控。

這是一項很危險的任務,假使他要求東電的員工留在崗位上,這將使這些員工的生命發生威脅。

東電於 3 月 16 日則要求所有員工必須堅守崗位。

談到此,我們訪問團的團員不禁面面相覷,若發生在台灣,不知道我們的領導人會如何下命令?

日本自衛隊於 3 月 17 日,第一次將水灌到使用後核燃料貯存池。他與專家們有了最糟狀況的心理準備,就是福島所有的10座核反應爐和11座使用後的核燃料貯存池,可能都會失去控制,會釋放出輻射物質到空氣與海洋,那將是一個可怕的災難。

菅直人說,蘇聯的車諾比是歷史上最嚴重的核災,但是車諾比只有一座核反應爐爆炸。如果福島10座核反應爐與11座貯存池都失去控制,必須疏散的人口將無法估計。

日本原子能委員會主席近藤先生說,若是這種狀況,

核電廠半徑250公里之內的居民都必須要疏散,而且他們很有可能幾十年內都無法回家。

東京都會區位在離核電廠250公里之內,約有五千萬人口,全日本有一半的人都居住在這裡。如果這些人都要撤離,離開他們的工作、學校,撤離時一定會造成嚴重的傷亡。日本將會長時間的癱瘓,這是當時面臨的狀況。

最後終於成功的注入大量的冷卻水,使爐心的輻射物質傳播程度減小,狀況被有效的控制住。一直到了核災發生,菅直人認為日本的核電政策,並沒有合適的法規來讓電力公司去防範如海嘯的天災,還有備用電源也是問題。

核電與工程安全管理機構是屬於經濟與產業省下屬的一個單位在管理,同時也是主管核電產業發生事故的機構。但是這個機構的高階成員們並非核電專家,是一些立法與經濟政策的專家。他們對於核電事故不具備知識與準備,對實際的核電問題沒有足夠的政策與了解,使得災情更加嚴重。

在經過這件事之後,菅直人開始思索日本與國際能源

政策之間，應該如何面對與處理核電廠。他有一句重要的宣示：「最安全的核電廠，就是沒有核電廠。」他又說：「廢掉日本所有的核電廠，就是最安全的核電與能源政策。如果考慮到可能失去全國一半國土的額外風險，和必須疏散全國50%的人口，這樣的問題是不可能靠科技解決的。」

基本上他已了解人類玩弄原子，製造原子彈和核子武器，後來又蓋了核電廠，人類創造了一種科技，而這種科技卻是人類無法與其共同生存於地球上的科技。

談到未來的能源政策，菅直人說地球上的人類和其他的物種，與太陽同時相安無事的存在了45億年，一直到今天，太陽供應了人類所有的能源。他相信未來全球與日本的能源政策，應該專注於發展再生能源。風力、太陽能與生物能，人類最終所有源能的需求都應來自於這些再生能源，而不需使用核電或石化燃料。

在日本，自福島核災之後，全國啟動了補助電價與再生能源發展的計畫。又如頁岩天然氣，使大家更了解到核能發電不是便宜的電。如果把核廢料與再處理以及永久

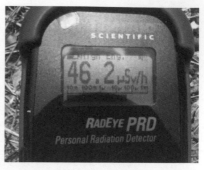

▲ 在災區由車內測到的輻射值是台北背景值的160倍　▲ 由浪江町所提供的儀器在室外所測到的輻射值是台北背景值的920倍

處置的成本,都算進核電的成本,核電將是最貴的電。他認為無論現在或未來,核電廠都是不符合經濟效益的,而且未來也不應該繼續存在。

　　日本有許多所謂的專家與政客仍然認為核電是便宜的,而且認為如果沒有核電,經濟就無法成長。他認為這樣的思維是錯誤的,核電是一個過渡性的手段,也是一種暫時性的能源,核電不會也不應該繼續存在。

　　他希望來訪的團員,能夠了解人為錯誤就是日本核災

的原因，如果能夠將這種錯誤列入台灣未來能源政策的考量，台灣的國民將會十分感激。

菅直人的這番話，幾乎就是對我們核電的決策者所說的，相信他這番話也不是第一次說給我們訪問團聽。

事實上，在其他的場合，他也苦口婆心的講給世人聽，這是日本以極大的痛苦與代價所換來的經驗，我們應聽進去。這些話無關朝野、無關藍綠、無關老少、更無關貧富，他只有關我們未來的生存，還有我們子孫的幸福。

浪江町的故事

浪江町是另一個核災災區，也是日本311核災最淒慘的區域之一。這種淒慘包含了災難當時的慘狀以及災難後，災民受到二度與三度的傷害。當天當地的地震震度為6級，隨後海嘯侵入海岸內大約達到了3公里之遠。

浪江町的副町長檜野先生告訴我們，他們相信當時仍有不少居民負了傷，等待急迫的救援，但核災隨後發生了。

在3月12日清晨，政府發布核電廠10公里範圍為核輻射避難區，到了晚上又發布20公里圈內為緊急避難區。此時他們正在募集救難人員與交通救難機具等等，但是因為超高的輻射線，沒有人可以被允許進入災區，去拯救負傷待援的親人。

浪江町雖然和双葉町、大熊町都是核電廠的近鄰，但是因為行政區域的劃分，它的命運卻完全不同，也就是有緊急圈內、緊急圈外之分。圈內指的是以核廠坐落的行政區為準，即使浪江町離核電廠最近的距離只有4公里，也被列為圈外。因核電廠位於双葉與大熊町內，所以當核災發生時，浪江町沒有任何訊息、援助和救命的碘片。

檜野說，核災發生時他們不知道要不要逃，所有的訊息只來自電視，而且也不知該該逃向哪裡？在半夜他們看到一輛輛的巴士從眼前開過，去接圈內的居民逃離，他們有被離棄的恐懼。

在沒有任何信息的指示下，一千多個居民逃向了津島，可是到了5月才知道，在西北風的吹送下，津島的輻射

▲ 浪江町靠海邊的災區因高輻射劑量無法重建

▲ 浪江町鬧區空無一人變成死城

▲ 這棟由東電對浪江町回饋金所蓋的大樓，因超高的輻射線人去樓空

劑量也是超高。他們的憤怒是，為什麼政府當下不公布實情呢？

　　浪江町因為是「圈外」的關係，核災發生後，町民各自逃生自力救濟，這就是為什麼到了現在，浪江町二萬多個居民，全散落在日本各地無家可歸的原因。

檜野說：「我不想再看到世界有第二個浪江町了。」

在311之前，因為核電廠的一些地方補助款，他們非常積極的擁核，甚至在核災前還鼓吹在自己村內要多建幾個爐，「蓋核電不是為發電，因為我們的電是來自東北電廠的電力，我們看到的只是那筆『交付金』」。

交付金就是所謂的地方補助金，或被稱為回饋金。

核災發生後，他才清楚的了解，法律對核電業者與政府是如何的保護，只要舉證出是天災，是想定外（日本用語：意料之外的意思），就可以避掉許多法律的責任。而加害者有龐大的資源雇用高價的專家與律師為他們辯護，去對抗手無寸鐵，流離失所，生不如死的災民。更可怕的是，對核災受輻射線傷害賠償的要求，被設定在 3 年內有效，而一般輻射傷害 5 至 10 年是潛伏期，10 年後是高峰期，所以至少要在 5 年後才會逐漸發病。

檜野陪著我們進入災區，愈接近災區，我們帶著自己所準備的以及浪江町所提供的輻射偵測儀。在車內的讀數愈來愈高，從0.8 uSv/hr一路飆升到8.1 uSv/hr，幾乎是台

北背景值0.05 uSv/hr的160倍。

　　下車後，這些讀數則更高，高到46.2 uSv/hr，約為台北背景值的920倍。

　　看到災區的慘狀，不禁令人鼻酸。靠海的地方，因海嘯使房屋連根拔起，只剩地基。陸地上到處是支離破碎的房屋碎片，車輛殘骸，船隻被沖到內陸。因超高的輻射值，這些地區在數百年內無法重建。

　　在2013年4月的時候，浪江町部分地區已解除了封鎖，允許居民返鄉。但是檜野表示：「在不安全的輻射值內，叫居民如何安心呢？若得到癌症又如何證明呢？」

　　在浪江町市中心火車站周圍，原是最熱鬧的商業區，雖沒有被海嘯侵襲，至今二年過去了，也是由於輻射的關係，有如一座死城。街上沒有一個人，沒有一輛車，沒水沒電，一片死寂。

　　最諷刺的是由核電廠回饋金所蓋的一棟豪華大樓，高聳的建築豎立在町內，儼然成了地標，美輪美奐的建築，奢侈的溫水游泳池、健身房、舞蹈教室、三溫暖，變成了廢

墟。空屋在、招牌在，但人去樓空。屋內沒水沒電，只有超高的輻射值。大門口的落成紀念碑還在，但多了一座測輻射的設備。居民一定很後悔，如果當初他們沒有接受這棟樓，他們若群起反對核電廠蓋在他們的土地上，今天就不必流離失所，不知何年何月才能回到故鄉。

南相馬市的故事

南相馬市的市長櫻井勝延（Sakulai Katsunobu）是美國《時代》雜誌（*Time*）選出2011年「世界最有影響力的100人」中，兩位日本人之一。

櫻井市長早年學農，畢業於岩手大學的農學院，是酪農業出身，長年致力於環境的問題。他曾針對在當地設立工業廢棄處理場的建設，進行激烈的抗爭，也參與日本東北電力公司計畫在南相馬市小高地區建造核電廠的抗爭。不幸的是，長年反核的他在就任市長的第二年，福島核災就發生了。

▲ 2011.3.11海嘯來襲前（圖片提供：都司嘉宣先生）

▲ 2011.3.11海嘯來襲後（圖片提供：都司嘉宣先生）

南相馬的市中心距福島一號核電廠大約25公里，離核電廠最近的小高約10公里。到今天，南相馬市的仍有一部分地區屬高汙染而被封鎖，而小高一直到二年後2013年的3月才解除封鎖。

　　311地震當天南相馬市震度為6級，10公尺高的海嘯摧毀了沿岸村莊，當時死亡者有一千多人，是福島縣內死亡人數最多的地區。

　　緊接著核災發生了，同樣的南相馬市沒有被劃入「緊急避難圈」內，核災當下沒有一個人有確實的資訊，所有的資訊來自電視，也沒有人有輻射偵測器，都不知道自己是不是有被輻射塵危害。沒有任何政府、東電的指示，當電視播出距核電廠10公里內的居民必須避難時，市長也就照此發布出去，但不知要到何處避難？居民徒步翻山越嶺，逃到了鄰近的飯館村。而兩個月後政府才發布當時由SPEEDI測出的輻射濃度，最高的就是飯館村。此時嚇壞了這些百姓，直到現在只要提到這件事，他們就很憤怒。

　　當時距離核電廠20到30公里的範圍內，政府宣布為

在「屋內避難」，也就是不准居民外出，也不准外人進入。這一來連援救物資也都停擺，都得停放在30公里的警戒線外。政府不管還好，簡直愈管愈糟，一直到二周後，居民及市政廳的職員，都面臨了糧食和能源彈盡援絕的狀態，使南相馬市孤立無援，成了荒島。

3月24日，櫻井市長終於在YouTube上對全世界發出了緊急求助的呼聲，告訴世人，南相馬市的輻射值並不如想像的高，救援者進入市內，「我們需要糧食、逃難用的汽車、汽油、和人力。」這個呼籲震撼了世界[27]。

南相馬市當初有7萬人口的都市，因為市役所（市公所）一直沒有遷移，雖然逃離了6萬人，而現在有4萬人回來居住了。而櫻井市長自己的家仍處在「無家可歸」的高污染區，他只好借住在朋友家中。因為他曾是馬拉松健將，每天就跑步8公里去上班。

當市長致完詞，有一位職員來繼續與我們對談，這位職員原來負責市裡面的文化活動。但自從發生核災後，市役所的工作人員有一百多人離開了，他接下一堆原本他不

▲ 從汙染區去除的表土

熟悉的工作。

　　他要接聽災民的電話，他要安慰災民的心情，經常一通電話就談一個多小時。他又負責除汙的工作，要將市內被輻射汙染的表土去除。

　　他被問到，做這些工作，以他的毅力能維持到多久，他回答：「我不知道」。

　　除汙工作要做多久才能完成？他說：「我不知道」。

　　他的家人現在在哪裡？他回答：「海嘯時失散了，我不

知道他們現在在哪裏。」

他被問到會離開他的工作嗎？他回答：「我不知道。」

南相馬市的居民何時能回到家園，他說：「我不知道。」

最後他被問到，為何還堅守他的崗位？他回答：「我希望家人會出現。」他說，曾有與他在電話裡談過話的人自殺了，也有人得了憂鬱症。他的壓力愈來愈大，但他還是堅守崗位。他希望在他堅守崗位期間，他的父母、妻兒能夠奇蹟似的出現。

南相馬市的核災沒有結束，也不會結束，躺在爐底已熔毀的核燃料何時能取出沒有人知道，在未來的一百年、一千年、一萬年，南相馬市民都不知道。

地震學家都司嘉宣的忠告

東京大學地球物理學家都司嘉宣（Yoshibu Tsuji）博士，操著一口京片子，娓娓談論日本的核電與地質的關

係，他給了我們一個很有啟發性的演講，題目是「歷代東海、南海地震海嘯研究——日本地理上的危險核電」。

　　他的專長是有關於地震災害、海嘯災害以及歷史上的災害。他解讀古文記載，分析歷史上的災害實情。在1990～2007期間，他擔任日本歷史地震研究會的會長；長年任職於東京大學地震研究所的地震火山災害部，於2013年退休，現任日本文科省「地震、海嘯評價部」的評委。

　　當2004年南海大地震與大海嘯之後，他擔任「地震、海嘯國際調查團」的團長，深入當地災區做學術調查。所以他的研究成果與提供海嘯防災的資訊，對世界的貢獻很大。在日本發生311核災之前與核災之後，他經常在日本教育電視台及其他電台解說地震、海嘯的地球物理學。

　　他走訪了日本目前所有核電的現址，調查了核電廠下方地層及附近海底的地形。他不畏權勢，多次向社會發表他們的調查結果，在311核災發生的十年前，他就對伊芳、濱岡、美濱、敦賀地區，警告國民大海嘯發生的可能性。

　　以下是他演講的重點，2011年東日本地震海嘯是一種

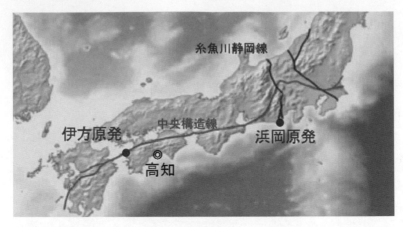

▲ 日本的斷層帶（圖片提供：都司嘉宣先生）

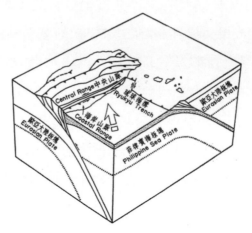

▲ 台灣的地層板塊（圖片提供：都司嘉宣先生）

「千年震災」，福島核電站的破壞過程就是一種天災加人禍。

　　日本應該立刻停止所有的核電站，同樣的，台灣不合適建設核電站。東日本地震的特徵是廣泛的震源區域，南北可達550公里，東西可達200公里。

　　他認為在日本應該要立刻停止以下的核電站，靜岡縣的濱岡核電站、福井縣的美濱核電站、四國愛媛縣的伊方核電站。

　　他也認為台灣很不適合建設核電站，因為台灣位處歐亞大陸板塊與菲律賓板塊間，只要受到擠壓就會產生大地震。特別要注意的是，1867年時，基隆地震海嘯，記載中說明：1867年12月18日基隆全市倒壞、死者多數。《淡水縣誌》：「同治六年冬11月大地震，23日雞籠頭金包里沿海山傾地裂，海水暴漲、屋宇傾壞、溺數百人，是台灣歷史上最大的海嘯。」

　　所以若要選擇建設核電廠的場所，要避開基隆附近，因這裡曾發生過歷史上最大的海嘯。

附錄二
為什麼我們需要非核家園？

　　由前面的章節，我們可以了解核電使用時的風險，以及至今都無法處理的核廢料，都是它的致命傷。一場核災，已不是死傷數百人，影響一、二年的事，而是會讓無數的人健康受損、有家歸不得，世代子孫及環境遭殃的事。在這個章節，我整理了官方、反核人士和環保人士等各方的說法，來論證這些問題。

電力缺口，怎麼補？

官方論點： 台灣每天都需要的基本電力是1700萬千瓦，夏月製造業旺季時，額外需要的電力是1600萬千瓦，總計是3300萬千瓦。

事實真相： 以2012年夏季8月最熱的中午時刻為例，全國用電

尖峰，台電的備用容量率還有22.5%，三座核電廠發電量大約是15%。

3年前，台灣的備用容量率是28.5%。在非用電尖峰時段，如春天、秋天、冬天或非製造業旺季，全國用電率大約是六成，也就是有40%的電力容量是沒有用的。

核四運轉後，會多6%的電力，但也會多產生許多的核廢料，增加核災的危險性。

發電量接近核四廠的大潭天然氣電廠，每年平均發電量約為三成。

火力發電減排碳量大於核電

官方論點：台灣能源受制於國外，台灣98%能源依賴進口，再生能源還未完全發展成熟，如果要用燃煤、燃氣發電取代核電，每個月將更依賴國外供給來維生。如果以火力發電替代核電，光一年的排碳量，就幾乎追平我們3年的減碳量。

事實真相：核電除了被國際認為是很貴的電外，它的核燃料

由開採到最後的掩埋，都要用到大量的能源，排出大量的二氧化碳。因此國際碳權組織並未將核電列入碳交易的範疇。

比如，澳洲沒有核電廠，卻是鈾原料的輸出大國，它就要用到大量的能源，排出大量的二氧化碳來開採鈾礦。由開採到掩埋，鈾的生命周期約10萬年，但它對降低碳排放的貢獻，只有在核電廠運轉的四十年有些幫助。

而目前世界核電廠的服役年限平均也只有33年。台灣的減碳不是靠核電廠，當40年後，世界的鈾礦枯竭了，全世界的核電廠也非除役不可，屆時除役、埋核廢料，不知要使用多少能源，排出多少二氧化碳。

與台電一步一步共同穩健減核？

官方論點：核一、核二、核三已將陸續退役。

事實真相：核四開始運轉，我們的核電比例就激增到原來3座核電的52.5%，這是一種激進增核。要到10年

後，核一、核二全部除役，才勉強低於現有核電比例的10%，到40年後才達到非核家園。這種非核家園，只是沒有用核電的家園，4座核電廠所製造的核廢料還要陪我們的子孫十萬年。

高額電費，誰買單？

官方論點： 使用再生能源或天然氣發電來替代核能，未來電價會大幅調漲，勢必將提高電力成本。

事實真相： 台電在過去幾年裡，由一個賺錢的單位，賠掉了數十年累積的盈餘和九成的資本額。前董事長與總經理們，還有前能源局的局長，因向民營電廠購電案被監察院彈劾。

這個答案就是明確的告訴民眾，台電堅持要繼續讓核四運轉，要繼續使備載容量率居高不下，就是內部還有許多高官，正為他們退休後的出路鋪路，而不顧百姓的安危。這種上下交爭利的機構，讓事情異乎常情、悖乎常理，不得不靠漲電價來維持營運。

台灣產品成本變高,誰買單?

官方論點: 停建核四,電費節節上漲,產業端必然轉嫁到消費端,台灣產品成本變高,誰來買?

事實真相: 台灣的工業用電佔全國用電七成以上,若長年接受政府用電補助,對提高能源效率就缺乏動機,對老舊耗能的機器設備就不願汰舊換新。

最近因產業外移,用電量減少,所以台電備用容量率一直居高不下。

以台灣的電子業來說,用電成本有些只佔產品成本的5%左右,有些只佔了3%,比如台積電。

而各企業在節能省碳的努力下,用電成本也逐年降低。

若電價合理的上漲,台灣產品合理的吸收電價成本,還是有競爭力的。

而且也可以讓企業合理的轉型,往更節能的產業發展,這對台灣和地球都是正面的。

民間擁核與反核論點

除了政府官方的一些說帖外，在這裡也列出一些民間版的對話，雖雙方多少有些訴諸情緒，但也讓讀者了解大家都在想些什麼，真相又是什麼？

核電廠是最環保的發電方式？

擁核論點：擁核者才是環保鬥士。

反核論點：台電層出不窮的貪污舞弊案，將台灣的百姓推向核災的邊緣，將未來數萬年的子孫，推向罹癌的風險。我們要告訴擁核者：我們才是反核的環保鬥士。

反核者是等於反台灣能源政策？

擁核論點：反核是一種時髦，是一種時尚，不反核就跟不上時代。對核災的報導是一種煽情的表達，像戲劇

般的理解和恐懼。反核是人云亦云的跟隨者，對台灣的能源政策，反核者連是非題的能力都沒有。

反核論點：反核不是時髦，不是時尚，面對核能，當我們愈了解它，應愈用嚴肅的態度來看待它。

日本福島的慘狀，不用煽情就可以讓我們了解什麼是核災。

二十多萬走向街頭的民眾，包含了年邁的長者，年輕而弱不禁風小女子，他們不是趕時髦，也不是為了官位與核電利益，是為了保護這塊土地，是為了世世代代的子孫。

反核者為了這塊土地，從核廢料往蘭嶼丟的那天就開始運動，不是從核四才開始，也不是反核的跟隨者。

台灣是低度能源自主的國家？

擁核論點：台灣和日本一樣，是一個高度經濟發展，低度能源自主的國家。

反核論點： 台灣的經濟早已遠離日本，衰退到亞洲四小龍之末，但我們和日本一樣是處在火山島上。核燃料、原子爐百分之百從國外進口，同樣沒有能源自主的餘地。

台灣的環境不利於其他能源的存放？

擁核論點： 台灣的能源環境比日本更封閉，天然氣、燃煤發電的穩定儲存和供應都不容易，天然氣最多存15天，燃煤最多存3到6個月。

反核論點： 日本為了能源自主，正大力推動綠色能源。國際太陽能晶片的價格也逐年下跌。

世界上200多個國家，只有31國有核電，其他170多國，有的與台灣差不多，沒石油、沒煤、也沒天然氣，他們的日子一樣在過。

台灣在綠能的研發能力，在世界上不落人後，但這些我們卻無福消受，絕大多數都外銷，讓其他國家享用。

天然氣和燃煤會對台灣造成嚴重的環境污染？

擁核論點： 天然氣和燃煤會產生可怕的污染，價格也很高，這對台灣封閉的能源環境，是不利的。

反核論點： 除了太陽能與風力，天然氣的汙染在能源中是最低的。而核電在國際環保組織中，是被排除在綠能範圍之外的。

處理核電廠除役時，所拆除千萬噸的核廢料與高汙染材料，處理的代價更是無法估算。

替代能源只是一種「安全玩具」？

擁核論點： 若未來的能源重點在天然氣、燃煤化石燃料，都比風力、太陽能替代能源好。替代能源只是一種「安全玩具」，不能以它們來解決實質的需求。

反核論點： 主司能源政策者為了推銷核電而刻意打壓再生能源，但核電是一種「不安全的玩具」，而且我們是「小孩玩大車」，實質的日常需求還沒解決，而世紀大災難的風險卻要全民承擔。

全世界85%的無核電國家，都是使用風力、太陽能。荷蘭的風車能發電，又能發展觀光產能。我們應借鏡荷蘭、美國、德國是如何去除噪音，而不是抗爭風力機的噪音。德國近10年建造的風力發電量相當於我們11座核四廠所發出的電力。

核燃料是最便宜的？

擁核論點：化石燃料的價格波動激烈，而且往上漲。

反核論點：2003至2007年，國際鈾燃料的現貨價格就漲了13.5倍，而同期的石油卻只漲了0.25倍。
核燃料再過約50年就枯竭了，10多年後價格一定飆漲。

核電廠是最安全的？

擁核論點：恐怖分子為何不去攻擊核電廠，因為核電廠是最安全的。

反核論點：從國際情報單位的分析，恐怖分子的確有這種打

算，包含我國在內，核電廠附近若干範圍內是屬
於限航區。

核電是最便宜的電？

擁核論點：如果發展替代能源，電價將會像德國一樣更激烈
的上漲。

反核論點：因為我們的電價不夠合理，高耗能的產業沒有升
級的意願。電價合理的上漲，只要不是因為管理
與經營上的問題，百姓會接受的。

沒有一個國家落實廢核電，可見這只是口號，未來還是需要核電？

擁核論點：喊廢核的國家現在未來都無法落實，他們有跨國
的天然氣網、油網、電網。

反核論點：喊廢核的國家大多數已訂出廢核時程表，而且已
立法，若沒有落實就是違法，執政者會下台。自日
本福島事件後，核電國家陸續宣布將在11年至23

年不等的緩衝期後，廢除核電。

美國核電主要供應商GE的核電營業額已掉到了1%以下，而GE的總裁也宣告，已無正當的理由推展核電。

德國的西門子公司也停止核電工業，而改經營風力發電。

加拿大的AECL核電公司，曾擁有24座核電廠，但最近以不到一座原子爐的價格轉賣了。

核能是屬於未來的能源？

擁核論點：台灣應積極發展核能，不應消極的廢核。台灣的反核運動不顧環境的現實。核能是屬於未來的能源，這個世界不能放棄核能。

反核論點：歷史悠久的GE核電公司在營業額掉到1%以下，便決定不再發展，而轉手給了日本。

世界的鈾礦存量在50年後就沒了，就像石油危機一樣，這個世界只有放棄核能，尋求其他的綠能。

世界先進國家都在發展核能？

擁核論點：在能源的封閉性和依賴性上比台灣好的國家，都
　　　　　　　還在發展核能發電。

反核論點：扣除已訂出廢核時程的國家，繼續使用核能的國
　　　　　　　家只剩20多個，僅佔全世界的十分之一。它們有
　　　　　　　些背負了一些內情，比如想利用核廢料來提煉核
　　　　　　　武元素；而核電界有一句名言，「核電廠買方的
　　　　　　　利益，要比賣方的還大」，所以我們不需與他們
　　　　　　　比較。

沒有核能，就沒有環保？

擁核論點：在台灣沒有核能，就沒有環保。台灣的碳排的唯
　　　　　　　一解藥是提高核能發電的比例。

反核論點：台灣在碳排放的環境議題上的確嚴重落後，但解
　　　　　　　決方案不是核能。國際碳排放公約是將核能排除
　　　　　　　在外的，無論蓋了多少座核電廠，在碳權上是賣
　　　　　　　不到一塊錢的。

廢核會影響台灣能源政策的進步？

擁核論點：台灣不應廢核，應更積極廢煤與天然氣，提高核電比例，讓台灣的能源政策配合環境政策。

反核論點：台灣是否應該積極廢煤、廢天然氣，這是國家能源政策，反核者沒意見，而以傳統能源所發的電力，佔了80%以上。若提高核能比例，核四一蓋就是數十年，新的核電廠蓋好時，鈾礦正好快枯竭了，所有的核電廠只能運轉幾年，就成了高輻射源的廢鐵。

北美與世界各地發現大量油頁岩後，北美經濟急速復甦，天然氣價格大跌，跌幅超過八成。天然氣一跌價，核電就會變成了世界最貴的電力。

台灣的環境品質從過去到未來都必須要靠核能？

擁核論點：台灣過去環境品質的進步，應感謝核能。核能對台灣的環境貢獻最大。未來台灣的環境品質要再進步還是要靠核能。

反核論點：核能是環保殺手。自從三十多年前核一開始運轉的那天，就開始產生核廢料，現在蘭嶼已堆放成10萬桶的核廢料。

我們還有數千噸的高階廢燃料，世界有超過25萬噸的高階核料，幾乎都無法處理。只有廢核才能環保。

任何一種能源都有其危險性，不應全盤否定核能？

擁核論點：日本廣島是最真實的核災紀念館，現在欣欣向榮。思考核能安全問題時，就算恐懼，也應有合理恐懼的基礎。

反核論點：美軍投在廣島的那顆原子彈，在彈頭內60公斤的高濃縮鈾235原料中，發生核反應的大約只有1公斤左右。

在核爆後，這1公斤分裂後的核種，在數十年間經過大氣與環境的稀釋，已到了相對安全的程度。是無法與全世界由核電廠產生超過25萬噸的高階核分裂物質相比的。

延伸閱讀

〔1〕 Robert Eisberg, Robert Resnick, Quantum Physics, Quantum Physics of Atoms, Molecules, Solids, Nuclei, and Particles, John Wiley & Sons, Inc. 1985

〔2〕 維基百科http://zh.wikipedia.org/wiki/原子彈

〔3〕 《今周刊》 第846期「核電真相，揭開台電怪獸電力公司內幕」，2013.3.10

〔4〕 監察院核四糾正案，2012.3.20

〔5〕 監察院彈劾台電公司前董事長、前總經理、現任總經理、前經濟部能源局長等4人案，2012.06.12

〔6〕 網路新聞，台電破產危機
http://www.ettoday.net/news/20130226/167722.htm

〔7〕 林宗堯，「核四論，核四安全監督委員會」，2011.7.25

〔8〕 媽媽監督核電廠聯盟
https://www.facebook.com/momlovestaiwan

〔9〕　林宗堯，「核四摘要報告」
https://www.facebook.com/momlovestaiwan，2013.7.31

〔10〕經濟合作暨發展組織核能署之獨立同行審查專家小組，台灣運轉中核能電廠壓力測試之獨立同行審查報告，2013.4.23

〔11〕「立法院公聽會報告書」，立法院，2013.5.8

〔12〕彭明輝教授，「斷然處置不當提前引發氫氣爆」，非核台灣論壇，2013.5.1

〔13〕廖俐毅，「影響斷然處置措施成效之若干關鍵因素」，原子能委員會核能研究所核安管制技術支援中心，2013.1.23

〔14〕原能會審查核電廠「斷然處置措施」之說明
http://www.aec.gov.tw/newsdetail/news/2932.html，2013.6.5

〔15〕SHOREHAM Reactor Details, IAEA. ，2013.4.13

〔16〕加拿大核責任聯盟Canadian Coalitionfor Nuclear Responsibility，Gorden Edwards，http://www.ccnr.org/

〔17〕美國能源部能源資訊署公布2011、2012年的電力展望報告，2012.8

〔18〕公共電視，「核你到永遠」
http://www.youtube.com/watch?v=4fFCdVgAxdo，2013.5.12

〔19〕 張垣路,《輻射屋血淚史》,1994

〔20〕 行政院原子能委員會輻射偵測中心
http://www.trmc.aec.gov.tw/utf8/big5/

〔21〕 Helen Cadicott, Nuclear Power Is Not the Answer, New
Press,2006.8.15

〔22〕 張武修等,「讓愛不熄」,台灣輻射安全促進會,2012.10

〔23〕 施純寬,「假設複合式災害情節對乾式貯存設施營運影響
分析」,國立清華大學,2012.12

〔24〕 National Diet of Japan Fukushima Nuclear Accident
Independent Investigation Commission,2012.7.5

〔25〕 Intentional Coolent System Depressurisation, The senior group
of experts on severe accidents, CSNI Report No 163,1989.6

〔26〕 陳弘美,《日本311默示 瓦礫堆裡最寶貝的紀念》,麥田出
版,2012.3.6

〔27〕 日本福島縣南相馬市櫻井勝延市長在YouTube的求救
http://www.youtube.com/watch?v=FwmAQ06OfKM

致謝

　　本書的完成，首先要感謝宜蘭人文基金會的陳錫南董事長。陳董事長身患巴金森症，他以有病之身，以他所有生命的力量，來支持非核家園的理念。核電的主政者們，在做出核電決策之前請聽聽他的聲音。

　　在此要感謝商周出版何飛鵬執行長的支持，在何執行長協助筆者發行上一本探討人體氣場與能量之間關係的《人體能量學的奧秘》後，願繼續支持這本有關核電真相的書。也感謝商周的編輯團隊，為這本書的出版，日以繼夜的作業，使得本書能在政府做出核電決策的關鍵時刻出版，讓國人能多認識一些核電的基本知識，做出正確的決定。

　　感謝富邦文教基金會「媽媽監督核電廠聯盟」的陳藹玲女士為這本書寫序，基金會的媽媽們，為了我們的土地

與下一代的幸福出來發聲。由基金會盡心的安排，使我們有機會將非核家園的心聲，面對面的講給馬英九總統聽，希望能對國家的核電政策多少有一些影響。

　　感謝曾在日本求學又旅居中東、北美諸國的郭美妃女士，她對台灣這塊美麗的寶島特別情有所鍾，寫出了她對台灣核電的憂慮，希望喚醒核電業者的良知。

　　感謝日本陳弘美女士熱心的安排，讓我們的福島訪問團能看到福島災區的真相。由災區的人、事、地、物，更堅定我們非核家園的理念。她所寫的《日本311默示 瓦礫堆裡最寶貝的紀念》讓人每閱讀一次就掉一次淚，她身在日本心繫台灣，為台灣這塊她生長的地方祈福。

　　感謝所有為非核家奮鬥的志工們，有大家精神上的支持，互相勉勵，讓我們一步步邁入非核家園。在非核荊棘的路上，我們會受到汙名化、會受到打壓，但比起被未來的子孫痛恨，這些都不算什麼。

國家圖書館出版品預行編目資料

圖解你我應了解的核能與核電：從核能原理細說核電問題和為什麼要廢核 / 賀立維作. -- 初版. -- 臺北市：商周出版：家庭傳媒城邦分公司發行, 2013.08
　面；　公分. -- (科學新視野；106)
ISBN 978-986-272-433-0 (平裝)

1.核能 2.核能發電 3.輻射防護

449.1　　　　　　　　　　　　　102015416

科學新視野106

圖解你我應了解的核能與核電 (改版)

從核能原理細說核電問題和為什麼要廢核

作　　　　者	／	賀立維
企 劃 選 書	／	黃靖卉
責 任 編 輯	／	彭子宸
版　　　　權	／	黃淑敏、吳亭儀、劉鎔慈
行 銷 業 務	／	周佑潔、黃崇華、張媖茜
總 編 輯	／	黃靖卉
總 經 理	／	彭之琬
事 業 群總 經 理	／	黃淑貞
發 行 人	／	何飛鵬
法 律 顧 問	／	元禾法律事務所王子文律師
出　　　　版	／	商周出版

台北市104民生東路二段141號9樓
電話：02-25007008　傳真：02-25007759
E-mail:bwp.service@cite.com.tw
Blog：http://bwp25007008.pixnet.net/blog

發 行	／	英屬蓋曼群島商家庭傳媒股份有限公司城邦分公司

台北市中山區民生東路二段141號2樓
書虫客服服務專線：02-25007718、02-25007719
24小時傳真服務：02-25001990、02-25001991
服務時間：週一至週五9：30-12：00；13：30-17：00
劃撥帳號：19863813；戶名：書虫股份有限公司
讀者服務信箱E-mail：service@readingclub.com.tw
城邦讀書花園：www.cite.com.tw

香港發行所	／	城邦（香港）出版集團有限公司

香港灣仔駱克道193號東超商業中心1F；E-mail：hkcite@biznetvigator.com
電話：（852）25086231 傳真：（852）25789337

馬新發行所	／	城邦（馬新）出版集團【Cite (M) Sdn Bhd】

41, Jalan Radin Anum, Bandar Baru Sri Petaling,
57000 Kuala Lumpur, Malaysia.
電話：（603）90578822 傳真：（603）90576622
email:cite@cite.com.my

封 面 設 計	／	朱陳毅
美 術 編 輯	／	陳健美
印　　　　刷	／	前進彩藝有限公司
經 銷 商	／	聯合發行股份有限公司

地址：新北市231新店區寶橋路235巷6弄6號2樓
電話：02-2917-8022　傳真：02-2911-0053

■2013年8月15日初版　■2020年9月28日二版一刷　　　Printed in Taiwan
定價280元

城邦讀書花園
www.cite.com.tw